BIBLIOTHÈQUE
D'ENSEIGNEMENT POLYTECHNIQUE

Publiée sous la direction de M. J. Galopin

ZOOLOGIE

Professeur M. ANTOINE

Docteur ès-Sciences Naturelles

Édition et Propriété de l'École du Génie Civil

152, Avenue de Wagram — Téléphone 27-97

EXAMENS SPÉCIAUX

Auxquels prépare par correspondance l'École du Génie Civil

Écoles Spéciales et Examens Particuliers

L'École prépare à toutes Écoles spéciales suivantes : Écoles d'Hydrographie, Écoles d'Arts et Métiers, Écoles des Mécaniciens de Brest, Toulon et Lorient, Instituts techniques spéciaux, École supérieure d'Électricité, École supérieure d'Aéronautique, École Centrale, Écoles de Physique et Chimie, etc.

Préparations spéciales à tous les examens des Douanes, des Postes, des Ministères, des Chemins de fer ; préparation spéciale aux Brevets simple, supérieur de l'Enseignement Primaire, ainsi qu'aux divers Baccalauréats, Certificats, Licences.

Industrie

Préparation à tous les grades (Contremaîtres, Conducteurs, Sous-Ingénieurs et Ingénieurs), pour la Mécanique, l'Électricité, les Mines, les Travaux-Publics, etc.

Mécaniciens pour Usines et Ateliers : Électriciens. — Chefs mécaniciens. — Conducteurs électriciens. Ingénieurs et Dessinateurs Industriels. — Contremaîtres et Chefs d'ateliers. — Ingénieurs et Sous-Ingénieurs.

Cours spéciaux de Contremaîtres, Dessinateurs et Ingénieurs des Constructions navales.

Marine de Guerre

Matelot élève mécanicien ; Quartier-maître mécanicien ; Brevet élémentaire de mécanicien ; Cours du brevet supérieur de mécanicien-électricien, etc. ; Admission au cours des élèves officiers (machine et pont) ; Examen direct pour le grade de mécanicien principal ; Examen de quartier-maître préparatoire à l'examen d'élève officier de vaisseau ; Obtention du grade d'officier électricien et d'officier des autres spécialités ; Écoles techniques élémentaire et supérieure des arsenaux ; Commis de la Marine ; Commissaires et Administrateurs de l'Inscription maritime ; Écoles navales et de Génie maritime ; Ingénieurs d'Artillerie navale ; Agents et Officiers des Travaux hydrauliques.

Marine de Commerce

Brevets de capitaines au Bornage, au Cabotage et au Long Cours ; Brevet pratique de mécanicien pour machines à vapeur ; Brevet pratique de mécanicien pour autres moteurs ; Brevet d'officier mécanicien de 2° classe ; Brevet d'officier mécanicien de 1re classe ; Brevet d'élève-officier mécanicien ; Emplois d'électriciens dans les grandes Compagnies ; Emplois d'élèves mécaniciens.

Armée

Officiers du service aéronautique. — Officiers mécaniciens. — Saint-Maixent. — Vincennes. — Saumur. — Versailles. — Dessinateurs de l'Armée. — Aspirants de toutes armes. — Saint-Cyr. — Polytechnique, etc.

Administrations

Adjoints techniques, dessinateurs et mécaniciens des Ponts et Chaussées. — Agents et Sous-Agents techniques des Poudres et Salpêtres. — Mécaniciens électriciens, Dessinateurs de la voie et de la traction, Piqueurs, emplois divers des Chemins de fer. — Mécaniciens et dessinateurs des Postes et Télégraphes. Mécaniciens et dessinateurs des Manufactures de Tabacs. Dessinateurs et calqueurs du Ministère de la Guerre, etc.

Préparations Spéciales

Outre sa préparation aux examens ou carrières précités, l'École se tient à la disposition de toutes les personnes n'ayant qu'une ou plusieurs parties à approfondir pour leur faire sur les matières qui les concernent (en tant que celles-ci sont du ressort de ce qu'enseigne l'École) des préparations spéciales à des prix extrêmement avantageux.

En particulier elle a des préparations très suivies de T. S. F., Automobiles, Aviation, Langues vivantes, etc.

Elle prépare également à tous les emplois réservés aux anciens sous-officiers.

Cours de Vacances, Cours du Soir, du Dimanche matin, Leçons Particulières

Des cours spéciaux sont organisés à toute époque et pour toutes les matières de nos programmes. Les cours les plus suivis sont ceux de Mathématiques, Dessin et Croquis industriels appropriés à toutes les spécialités, cours démonstratifs sur les pièces elles-mêmes des différentes branches techniques.

ÉCOLE DU GENIE CIVIL

SOUS LE HAUT PATRONAGE DE L'ÉTAT

152, Avenue de Wagram, PARIS

ENSEIGNEMENT SUR PLACE ET PAR CORRESPONDANCE

DIRECTEUR : M. Julien GALOPIN ✪, *Ingénieur Civil*

COURS

DE

ZOOLOGIE

Professeur : M. ANTOINE
Docteur ès Sciences Naturelles

École du Génie Civil

placée sous le haut patronage de l'État

Enseignement sur place et par correspondance

Cours de Sciences Naturelles

L'Homme et les Animaux

1ère LEÇON.

Introduction.

La Zoologie est l'étude du règne animal : zoon animal, logos étude. Elle comprend l'homme et les bêtes. On examine d'abord comment ils vivent, en quoi consiste leur existence; puis on étudie les principaux groupes, races humaines et grandes familles animales.

Avant tout il faut distinguer l'animal de la plante, puisque tous deux sont des êtres vivants. L'animal est sensible et exécute des mouvements volontaires. La plante est privée de sensibilité et de volonté. Tandis que le végétal demeure immobile, insensible, sans initiative, attendant que l'eau et l'air lui apportent sa nourriture, l'animal est sensible aux influences extérieures; il se déplace spontanément pour chercher sa nourriture et fuir ses ennemis; il a beaucoup d'instinct inné et quelque intelligence que l'expérience augmente. Pour accomplir les fonctions de cette vie, dite "de relation" l'animal possède des organes qui lui sont spéciaux, car la plante en est privée : des nerfs , des muscles, des os, ou, à défaut d'os, des leviers mobiles, tels que la patte de l'araignée ou l'aile de l'insecte. Bref, la sensibilité et le mouvement volontaire caractérisent les animaux.

II - Sous d'autres rapports l'animal et la plante se ressemblent. Ils naissent d'êtres vivants auxquels ils ressemblent; ils sont produits par des oeufs presque semblables; ils se nourissent pour former de nouveaux tissus et réparer leurs pertes; ils possèdent des organes pour accomplir les fonctions de la vie. Ce sont des êtres organisés. Ils atteignent leur maturité, ils se reproduisent, s'affaiblissent, déclinent et meurent. Que d'analogies entre ces deux sortes d'êtres vivants; l'animal absorbe sa nourriture par son estomac, et la plante absorbe la sienne par ses racines et ses feuilles. Le sang du premier circule à travers ses veines, et la sève du végétal à travers ses vaisseaux. Tous deux ont des glandes qui produisent la salive et la bile de l'animal, le nectar et les essences des plantes. Tous deux respirent, absorbant l'oxygène de l'air : l'animal avec ses poumons, le végétal avec ses régions molles (sauf les feuilles pendant le jour).

Toutefois on peut dire que la digestion caractérise l'animal, tant cette fonction est relativement simple chez les plantes. C'est par elle que nous allons commencer l'étude de la vie dite "de nutrition". L'homme nous servira de type. Nous étudierons d'abord chez lui les grandes fonctions, et il sera facile, ensuite de comprendre les modifications principales présentées par les principaux groupes d'animaux.

Ière Fonction : <u>La digestion</u>.

I - La digestion transforme la nourriture en sang, et c'est le sang qui forme toutes choses en nous. Digérer les aliments, c'est donc les sanguifier: c'est transformer leur meilleure partie en un liquide capable de se mêler au sang. Nous mangeons pour entretenir notre corps, réparer ses pertes, former ses nouveaux tissus, et pour le faire fonctionner. La digestion s'accomplit dans un organe, le tube digestif, grâce au concours des dents, de plusieurs glandes, et des mouvements de ce tube.

Le tube digestif commence au fond de la bouche par un entonnoir, le pharynx; il est d'abord assez étroit, l'oesophage; il se renfle en une poche, l'estomac; il se continue par l'intestin grêle, aux nombreux replis, 6 à 7ᵐ, encadrés par le gros intestin. Celui-ci ne reçoit que le résidu, inutile, qui ne peut pas devenir du sang. La viande est digérée surtout dans l'estomac et les végétaux dans l'intestin grêle (qui atteint 28 mètres chez le mouton). La sortie de l'estomac est un anneau, <u>pylore</u> (porte) qui ne s'ouvre que lorsque le repas est transformé en une bouillie grisâtre, le chyme. Au dessous du pylore débouchent les canaux de 2 grosses glandes, le canal du Foie déverse la bile, et le canal du Pancréas le suc pancréatique. Ces deux humeurs se mêlent à la bouillie et la transforment en un liquide laiteux, blanc , le chyle, capable de se mêler au sang.

Le tube digestif est formé par plusieurs tuniques. A l'intérieur, une tunique, criblée de petits vaisseaux sanguins qui la rendent rouge : c'est une muqueuse: elle se continue dans la bouche jusqu'aux lèvres. Une autre tunique est musculaire : c'est un muscle qui se contracte et se dilate, de sorte que le tube digestif exécute d'utiles mouvements de progression: l'estomac, tout particulièrement se balance, par contractions, tant qu'il est rempli, ce qui contribue à mélanger les aliments, à les brasser, pour qu'ils deviennent une bouillie bien homogène : chyme.

II - Pour être digérés, les aliments doivent être mâchés, avec soin, par nos 32 dents, et imbibés de 5 liquides secrétés par 5 sortes de glandes. 1° Dans la bouche, les 3 paires de <u>glandes salivaires</u> sécrètent la salive qui permet de goûter, de mâcher, d'avaler, et qui agit tout spécialement sur le pain et sur les farineux qu'elle transforme en sucre.
2° Dans l'estomac, des milliers de petites urnes, les <u>glandes gastriques</u>, sécrètent le suc gastrique, qui contribue à former le chyme, et qui digère plus particulièrement les aliments les plus nourrissants, la viande, l'oeuf, le fromage, le gluten du pain, d'abord gonflés, tuméfiés, - puis liquéfiés, peptonisés.
Le Foie est une énorme glande, brune, logée à droite: elle produit la bile du fiel : ce liquide vert, amer, s'accumule dans un réservoir (vésicule biliaire) et il coule sur le chyme quand cette bouillie ayant traversé le pylore, arrive

dans l'intestin grêle. L'onctuosité de la bile est très favorable; ce liquide combat les aigreurs; il balaye l'intestin sans cesse rajeuni; enfin il subdivise les graisses en fines parcelles, émulsion blanche qui rappelle l'état du beurre au sein du lait.

4° Le Pancréas, glande double sous l'estomac, déverse par ses deux canaux inégaux, le suc pancréatique: il possède les vertus des trois précédents liquides qu'au besoin il pourrait suppléer: car il transforme les fécules en sucre comme le fait la salive; il liquéfie la viande et l'oeuf comme le suc gastrique; il subdivise les corps gras en une émulsion laiteuse, comme le fait la bile.

5° Le cinquième liquide, le suc intestinal, est sécrété par des millions de petites urnes qui tapissent l'intestin grêle, les glandes intestinales . Il achève de séparer ce qui est digestible, assimilable, d'avec le résidu qui doit passer seul dans le gros intestin.

III - Incorporation au sang de la nourriture digérée.

Une moitié des aliments et toutes les boissons se mélangent de suite au sang des veines qui tapissent l'estomac et l'intestin grêle. L'autre moitié, caractérisée par la présence des parcelles de graisse, constitue le chyle: elle doit à cette émulsion grasse, sa blancheur de lait: elle pénètre à travers les replis veloutés de l'intestin dans des vaisseaux flexueux, irréguliers, renflés, les chylifères. Lorsqu'on est à jeun, ces tubes ne sont pas visibles, parcequ'ils ne renferment que de la lymphe jaunâtre, sorte de sang appauvri ; la digestion leur communique l'éclatante blancheur du lait. C'est ainsi qu'ils furent découverts, en 1622, par Aselli, (qui les cherchait) sur un animal immolé en pleine digestion. Le mélange de lymphe et de chyle traverse donc les lymphatiques de l'abdomen (devenus chylifères); il coule lentement dans les renflements, les réservoirs, le canal thoracique qui remonte jusqu'à l'épaule gauche, et il s'incorpore au sang dans la veine qui passe sous la clavicule gauche (V.sous-clavière G...

II° LEÇON

La Digestion (Suite)

IV - Aliments - Les aliments sont très compliqués puisqu'ils forment notre corps extrêmement compliqué Le sang qui sert d'intermédiaire entre la nourriture et le corps renferme soixante substances indispensables. Toutefois, on peut grouper en quatre catégories les principes alimentaires.

1° Les principes réparateurs servent, surtout à entretenir les organes, réparer le corps; ce sont donc les plus nourrissants : "Viande, sang, oeuf, caséine du fromage, gluten du pain, légumine des légumes. Leur digestion est bien préparée dans l'estomac, car le suc gastrique agit plus spécialement sur eux.

2° Les corps gras sont dits réchauffants, calorifiques parcequ'ils entretiennent la chaleur du corps: Graisse, beurre, huile. On en consomme davantage en hiver (charcuterie) et dans les pays froids (huile des êtres aquatiques). Ils sont subdivisés en fines parcelles par la bile et le suc du pancréas.

3° Suivant leur degré de finesse, les farineux ou féculents sont nommés amidon (pain, riz), ou fécule (haricot, pomme de terre). La digestion les transforme moitié en sucre, et moitié en graisse. C'est pourquoi on s'abstient des farineux quand on craint l'obésité. On place ici le sucre et son dérivé l'alcool. Les boissons alcooliques sont des réchauffants dont on consomme davantage en hiver et dans les contrées du Nord: vin, bière, cidre, liqueurs. Celles-ci ont une mauvaise influe sur les nerfs, surtout dans les pays chauds.

4° Les principes minéraux comprennent l'eau qui joue un rôle prépondérant

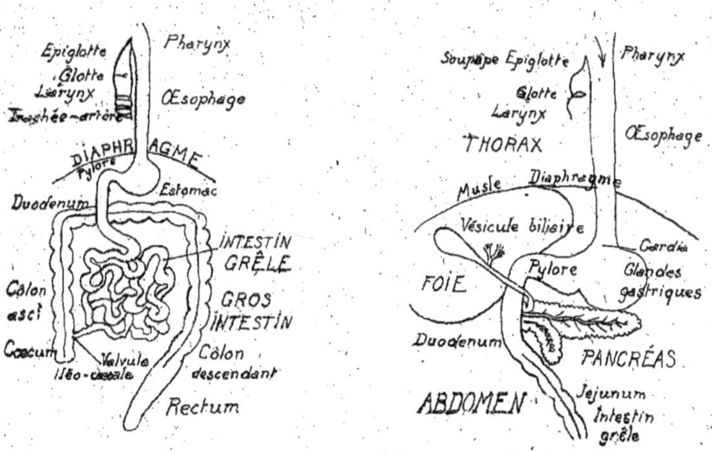

puisque nos tissus en contiennent 80 % et quelques sels indispensables, renfermant un peu de chaux pour les os, de phosphore pour la cervelle, de fer pour les globules du sang, de soufre, d'iode, etc. C'est un des bons effets de la salade et des légumes verts que d'introduire dans notre organisation ces nombreux sels. Le plus important est le sel de cuisine qui fournit le chlore et la soude.

Lait		Oeuf	
Caséine	4	Albumine	12
Beurre	4	Corps gras	7
Sucre	5	Sels	2
Sels	1	Eau	79
Eau	86		
	100		**100**

Viande		Pain	
Albumines	16	Amidon	52
Gélatine	6	Gluten	12
Corps gras.....	1	Corps gras	1
Sels	3	Sels	2
Eau	74	Eau	33
	100		**100**

V. - Alimentation. - Elle doit former notre corps, l'entretenir et le faire fonctionner; il faut qu'elle répare les pertes de chaque jour, pertes que

double le travail. Elle doit aussi, dans la jeunesse accroître le corps en formant
de nouveaux tissus. Nous sommes destinés à manger un peu de tout, mêlant, dans
un régime omnivore, les viandes aux farineux, la nourriture animale à la nourriture végétale. On le devine en voyant que notre dentition est bien régulière, homogène, sans aucune dent prépondérante, et en constatant que la longueur de notre
intestin est moyenne, 6 à 7 mètres, plus longue que chez les carnassiers: tigre
4 m., mouton 28 m. En général, on mange 4 fois plus de pain et de légumes que de
viande et oeufs. La ration du soldat est de 285 gr. de viande, 200 gr. de légumes,
1 kilog. de pain et 16 gr. de sel. Lorsque le boeuf ne travaille pas on lui donne,
en foin, les 3 % de son poids et quand il laboure, on double cette ration, soit
6 %. Un seul aliment est complet. renfermant dans de bonnes proportions les 4 genres de principes nutritifs et l'eau: c'est le lait qui nous suffit pendant longtemps et qui réconforte le malade. L'oeuf vient ensuite; mais il n'a pas assez
de sucre, aussi lui en ajoute-t-on dans un grand nombre de mets. En associant le
pain à la viande, on obtient le régime le plus réparateur, très nécessaire à l'ou-
vrier.

Bien que l'homme soit essentiellement omnivore on cite quelques exceptions:
certaines peuplades du Nord, privées de végétaux, ne vivent que de la chair et
l'huile des phoques et des poissons. Inversement, quelques peuples pasteurs des
pays chauds, beaucoup d'Hindous, végétariens, s'abstiennent de toute viande.

VI - Estomac - En 1825, un médecin américain, de Beaumont, prit à son
service un soldat canadien dont l'estomac, percé d'une balle, était demeuré béant.
Il constata que certains aliments, nommés légers, sont facilement digérés et quittent rapidement l'estomac (lait une heure, merlan une heure et demie; oeuf, poulet deux heures) tandis que les aliments "lourds" y séjournent longtemps : canard 3 heures, charcuterie 5 heures. Le degré de cuisson influe beaucoup: les rôtis
saignants et l'oeuf à la coque sont digérés plus vite que les oeufs durs et la
viande bouillie. En moyenne il faut trois heures pour que le chyme soit bien formé
en bouillie grisâtre: il est surmonté d'une couche d'huile représentant les graisses fondues: il lui faut une demi-heure pour franchir le pylore.

Pour étudier le suc gastrique, on mêlait à la nourriture de certains animaux de petites éponges munies d'une ficelle. Puis on imagina de percer l'estomac
d'un chien, d'installer dans la fistule une double boutonnière portant une poire
de caoutchouc à robinet. Dès qu'on présente à l'animal son repas, le suc gastrique
ruisselle dans l'estomac et peut être recueilli pur. En le versant sur de la viande hachée, on voit celle-ci se gonfler, se liquéfier en une albumine dite peptone:
cette digestion artificielle s'opère dans une étuve ayant la température du corps,
40° environ. Les chiens s'habituent vite à ce rôle d'auxiliaires de la science.
Voyez, en outre, la précieuse conséquence de ce mode d'expériences. En cas de danger mortel, on a sauvé des humains en opérant sur eux la fistule gastrique.
Le Dr Labbé a percé l'estomac d'un jeune homme, afin de retirer une fourchette
qui y était restée plus d'un an 1875). Le Dr Verneuil a installé un entonnoir dans
l'estomac d'un autre jeune homme (Marcelin) afin de le nourrir désormais directement, sans passer par l'oesophage qui avait été brûlé et fermé par une gorgée de
potasse. Marcelin se porte à merveille.

Le principe essentiel du suc gastrique est la pepsine : d'où le nom de
peptones donné à la transformation des aliments sur lesquels elle agit, viande,
oeufs. On enrichit le suc gastrique en pepsine avec le bouillon et la dextrine,
et l'on augmente la sécrétion de ce suc à la fin du repas avec le fromage, les
sucreries, le café.

Les assaisonnements ou condiments servent aussi à redoubler les contractions de l'estomac, mais il faut se garder d'en abuser et, même dans la jeunesse,
d'en user : vinaigre, citron, poivre, moutarde. L'hygiène recommande de bien

Trente dents: douze incisives, petites, mignonnes, 3/3: quatre canines ou crocs,
formidables I/I:quatorze molaires tranchantes 4/3; les quatre plus grosses, tout
au fond, sont dites"carnassières". Elles sont suivies chez quelques carnassiers
omnivores, tels que le chien et l'ours, de huit molaires (tuberculeuses, comme
les nôtres) destinées à broyer des racines, des écorces, des fruits: chien 42
42 = 3/3, I/I, 6/7.

    2° Le rat et la majorité des rongeurs sont des omnivores organisés pour ron-
ger sans cesse. La mâchoire inférieure se déplace en longueur, comme un rabot ,
une scie. Quatre énormes incisives, taillées obliquement en biseau, doivent s'user
par un continuel frottement, attendu que leur racine pousse toujours. Si l'une
d'elle se casse, celle qui lui est opposée s'allonge hors de la bouche, au point
d'empêcher l'animal de manger. Ainsi le rongeur grignote toujours: c'est une né-
cessité: à la rigueur il se contente de bois , de plâtre: mais l'appétit de ces
petits êtres est insatiable. Pas de canine 0/0, car les rongeurs ne vivent pas
de proies. Douze molaires cannelées, aux rainures transversales. Total 16 = $\frac{1}{1}$, $\frac{a}{0}$, $\frac{3}{3}$.
Lièvres et lapins ont vingt deux molaires, et leurs deux incisives supérieures
sont renforcées par deux autres, petites, adjacentes 28 = 2/I, 0/0, 6/5.

    3° La plupart des ruminants à cornes, tels que le boeuf, le mouton, l'anti-
lope, sont les plus nettement herbivores. Leur mâchoire inférieure se déplace
horizontalement, afin que les robustes molaires puissent tourner et triturer comme des meules. La bouche est mal garnie sur le devant: pas d'incisive en haut,
mais huit en bas; soit 0/4.Pas de canines. Un long espace vide sépare les incisives des 24 molaires; 6/6, lobulées, renforcées de replis longitudinaux d'émail,
d'ivoire et de cément, de dureté très inégale: total 32 = $\frac{0}{4}$, $\frac{0}{0}$, $\frac{6}{6}$. Par compensation les ruminants sans cornes ont des canines (chevrotain) ou même une mâchoire
complètement garnie (chameau).

    4° Le cheval a 42 dents: I2 incisives; 4 canines qui ne poussent qu'à 7 ans,
et 26 molaires = $\frac{3}{3}$, $\frac{1}{1}$, $\frac{7}{6}$. Entre les canines tardives et les premières molaires,
un large espace vide, la barre reçoit le mors. L'examen de la bouche révèle l'âge
du cheval jusqu'à I2 ans, car les deux dentitions se succèdent régulièrement jusqu'à 5 ans,- et les incisives, d'abord creusées d'une fossette, la perdent en
s'usant, et finissent par"raser" à I2 ans.

NOTES - La dentition complète des porcins révèle des omnivores, aimant certaines
proies : porc 44 = $\frac{3}{3}$, $\frac{1}{1}$, $\frac{7}{7}$. Les défenses en bel ivoire sans émail sont constituées
par les deux incisives supérieures chez l'éléphant et le dugong: les 2 canines
supérieures chez le morse et le chevrotain-musc; les 2 canines inférieures chez
le sanglier et le babiroussa; les 4 canines recourbées chez le phacochère. Le
tatou, édenté sur le devant, possède une centaine de dents arrondies; le dauphin
en a une centaine très pointues. Le narval n'a qu'une dent, mais c'est une épée
de 5 mètres. Absence complète de dents chez les fourmiliers, pangolins, échidnés:
elles sont remplacées par des fanons tamiseurs chez la baleine.
    Expliquer quelques termes :granivore, frugivore, piscivore, ichtysphage
anthropophage.
    Odon, dent; odontalgie, mastodonte, iguanodon.

IV°. LEÇON

Le sang.

I - Son Rôle - Le liquide nourricier, renouvelé par les aliments, vivifié par l'oxygène de la respiration, forme et entretien toutes choses en nous. Le sang crée nos organes, les renouvelle, les réchauffe, les fait fonctionner. Pour qu'un organe soit en bon état, il faut qu'il soit pénétré, imprégné de sang; et pour que cet organe travaille, il faut que le sang l'envahisse davantage encore. Le muscle qui se contracte reçoit plus de sang que lorsqu'il est au repos. La glande qui sécrète est le siège d'une circulation plus active? Si l'on serre l'artère du cou pour empêcher le sang de monter au cerveau, celui-ci est paralysé: donc la pensée même exige l'afflux du sang oxygéné.

Le liquide doit sa couleur à de fins globules sur lesquels se fixe momentanément l'oxygène, au sein des poumons. Ce gaz oxygène est la source de la chaleur vitale et de l'activité nerveuse. Transporté dans le corps par les globules rouges, l'oxygène produit la chaleur et la force. Tout organe qui fonctionne reçoit davantage de sang oxygéné, il s'échauffe, et c'est une partie de la chaleur ainsi produite qui se convertit en travail. Nous y reviendrons, mais, dès maintenant, retenir l'échauffement du muscle qui se contracte, de l'estomac qui digère, du cerveau qui pense. Seul le sang oxygéné entretient la vie: on meurt immédiatement dès qu'un peu de sang impur vient se mêler au sang pur des artères.

En accomplissant sa tâche le sang se modifie et devient impur: une certaine proportion filtre hors des vaisseaux et forme la lymphe, sang appauvri, jaunâtre, qui se mêle aux humeurs, circule dans des canaux spéciaux, lymphatiques, et finit par se mêler au sang dans les veines sous-clavières, et celles des membres. L'oxygène fait brûler les tissus hors d'usage, les matériaux fatigués, les provisions de graisses, ce qui produit des résidus qui doivent être balayés: gaz carbonique, eau, éléments de la bile, de la sueur, de l'urine. Ce sang impur, qui doit être purifié immédiatement dans les poumons, et régulièrement dans certaines glandes, devient foncé, bleu, presque noir; il circule dans les veines, tandis que le sang qui s'est oxygéné dans les poumons est vermeil et circule dans les artères. On a le choix entre deux séries d'expressions :

1° Sang pur, oxygéné, vermeil, artériel.

2° Sang impur, bleu noir, veineux.

II - Composition du sang - Le sang est formé de 88 % d'un liquide incolore, le plasma, c'est à dire <u>Principe Formateur</u>, dans lequel nagent 12 % de globules rouges avec quelques gros globules blancs. Le plasma est aussi compliqué que les aliments dont il provient et que l'organisme qu'il va former; il est très riche en albumines

	Eau	79
Plasma	Albumines	6
liquide incolore	Fibrine	2
	Sels.Divers	1
Globules rouges		12
		100

6 % comparables à celle de l'oeuf; il renferme 2 % de fibrine surnommée "chair coulante" car c'est elle surtout qui forme les muscles, la chair, avec le concours des globules, 1 % de sucre, corps gras, nombreux sels dans lesquels domine la soude, un peu de chaux pour les os, un peu de phosphore pour la matière nerveuse, de soufre pour les cheveux, etc.

Les globules rouges sont des disques circulaires, minces, légèrement déprimés ou biconcaves. Leur diamètre est de $\frac{1}{166}$ de millimètre; un centimètre cube de sang en contient 5 milliards.

loin du coeur: les veines, molles, qui ramènent le sang dans le coeur, et les
capillaires plus fin qu'un cheveu (capillus) servant de trait d'union entre les
artères et les veines. Une piqûre d'aiguille déchire une vingtaine de capillaires.
Le coeur est un muscle creux, contractile, qui fonctionne alternativement comme
pompe aspirante, et comme pompe foulante, exécutant 75 battements par minute.
Il aspire le sang que lui amènent les veines et il le refoule dans les artères.
Une cloison verticale le divise en 2 moitiés indépendantes, on peut dire en 2
coeurs distincts. 1° Le coeur droit reçoit le sang noir amené par les 2 veines
caves, et il le lance dans l'artère des poumons. Il gouverne donc la circulation
de ce sang impur, veineux, laquelle s'étend des capillaires de tout le corps à
ceux des poumons. 2° Le coeur gauche reçoit le sang vermeil amené des poumons par
les 4 veines pulmonaires, et il le lance dans l'artère aorte qui donne naissance
à toutes les artères du corps. Il gouverne donc la circulation du sang artériel,
laquelle s'étend des capillaires des poumons à ceux de tout l'organisme.

II -- Chaque moitié du coeur est subdivisée en 2 étages qui communiquent: les
oreillettes, plus larges, aspirent le sang des veines; et les ventricules, plus
contractiles, lancent le sang dans les artères. 2 soupapes ou valvules, empêchent
le liquide de refluer dans l'oreillette quand le ventricule se contracte: à droite, la tricuspide, en triple voile; à gauche, la mitrale, à 2 replis comme une
mitre. D'autres petites valvules s'opposent au reflux du sang dans l'aorte et
dans l'artère pulmonaire. Un battement complet se subdivise en 4 temps: 1° con -
traction des oreillettes et, simultanément, dilatation des ventricules; 2° un
léger repos; 3° dilatation des oreillettes et contraction très énergique des ventricules; 4° un repos plus long que le précédent .
     Notre coeur a la grosseur du poing et renferme un quart de litre de sang.
Il est suspendu dans la poitrine, entre les poumons, par les gros troncs qui y
aboutissent. Quand il se contracte il durcit et se redresse, de sorte que sa
pointe vient légèrement frapper la sixième côte à gauche . A raison de 75 battements par minute, il reçoit en 1/2 minute les 5 à 6 litres de sang que renferment les vaisseaux gros et moyens : 2 litres environ sont ralentis dans l'immense réseau capillaire . On en conclut que notre sang est oxygéné plus de 5,000
fois par jour dans les poumons. On s'explique ainsi la rapidité foudroyante de
certains poisons.

NOTE - Dessinez le coeur , ses 4 compartiments et les vaisseaux qui y aboutissent
employez le crayon à 2 couleurs, et placez des flèches indispensables. L'OR. DR.
reçoit les 2 veines caves. Le V. DR. donne naissance à l'artère pulmonaire.
     L'OR G., reçoit les 4 veines pulmonaires terminales. Le V.G. donne naissance
à l'artère aorte, recourbée en crosse, et, par son intermédiaire, à toutes les
artères du corps (mais non pas à celles des poumons).

Vᵉ LECON

La Circulation (Suite)

III. Ainsi cette fonction se divise en 2 périodes, 2 phases:
1° La circulation générale qui intéresse le corps entier; elle porte dans les
moindres replis de l'organisme le sang vermeil des artères, et elle balaye les
débris du corps dans le sang noir des veines. Elle s'étend du ventricule gauche
à l'oreillette droite. La contraction du V. G. lance le sang oxygéné dans l'artère aorte qui se recourbe en crosse, descend jusqu'à l'abdomen, et donne naissance

aux artères générales du corps avec une parfaite symétrie, une subdivision régulière de 2 en 2 "arbre artériel". Les petits artères ou artérioles se ramifient en vaisseaux capillaires dont le réseau pénètre dans toutes les régions de l'organisme, jusque dans les os. C'est au sein des capillaires et autour d'eux que le le sang vermeil accomplit ses fonctions d'incessant rajeunissement . Il cède son oxygène et se charge d'impuretés, il perd sa belle teinte vive et devient foncé. Les capillaires se regroupent pour former les veines générales qui transportent le sang noir: et cette canalisation, un peu moins régulière que celle des artères, aboutit aux 2 veines caves, qui versent dans l'oreillette droite le sang impur du corps entier.

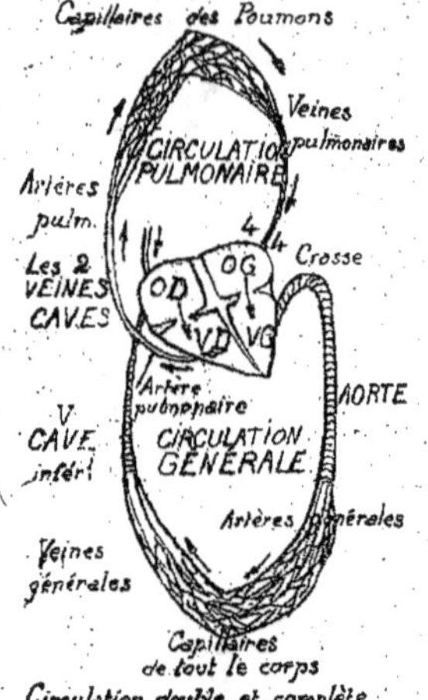

Circulation double et complète

2° La petite circulation pulmonaire a pour but de conduire dans les poumons le sang impur (lancé par le coeur droit) afin qu'il se purifie et que redevenu oxygéné, il retourne au coeur gauche chargé de l'envoyé dans tous le corps. Cette phase de la circulation s'étend du ventricule droit à l'oreillette gauche. La contraction du V.Dr. lance le sang noir dans l'artère pulmonaire qui se subdivise bientôt en deux vaisseaux, puisque nous avons deux poumons puis en une multitude nommés artères pulmonaires. Les canaux deviennent très fins, ce sont les capillaires des poumons: ils rampent à la surface des lobules, petits sacs remplis d'air. Là s'accomplit le double échange gazeux le sang exhale du gaz carbonique CO_2 et de la vapeur d'eau, et ses globules s'emparent de l'oxygène vivifiant. Les capillaires se regroupent en veines et les quatre veines pulmonaires définitives aboutissent à l'oreillette gauche qui se dilate pour aspirer leur sang vermeil.

Voici le moment de dessiner l'ensemble de cette double circulation, double boucle qui ressemble au chiffre huit. Les 2 couleurs et les flèches. Bien comprendre que la partie inférieure du dessin, ne représente pas, spécialement, les capillaires de l'abdomen, mais ceux du corps entier, aussi bien ceux de la tête que ceux des jambes. Remarquer que toutes les artères renferment du sang vermeil (sauf les pulmonaires): que toutes les veines renferment du sang bleu (sauf les pulmonaires).

IV-Artères. Ce sont les vaisseaux durs, rigides élastiques et contractiles qui emmènent le sang loin du coeur, dans l'organisme et dans les poumons. Leur rôle est centrifuge. Les artères générales conduisent le sang pur dans le corps entier pour le nourrir, le réchauffer, l'innerver et les artères pulmonaires conduisent le sang

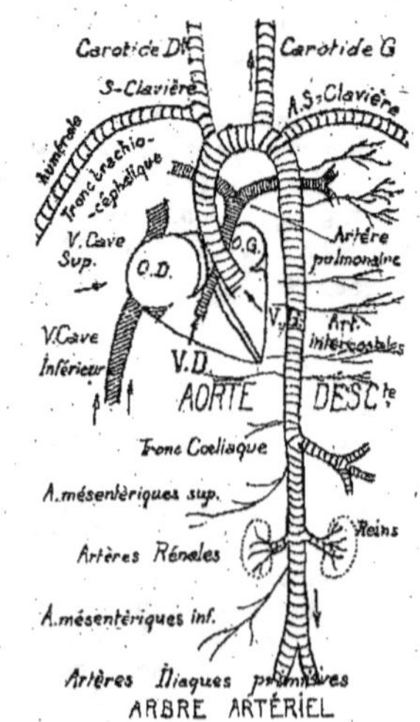

impur, s'oxygéner dans les poumons.

L'artère est formée de 3 tuniques: une interne très lisse, une externe très épaisse. C'est la tunique moyenne qui est caractéristique: elle est double, élastique et contractile. L'élasticité qui domine près du coeur, dans les gros troncs, leur est donnée par une membrane jaune, et la contractilité qui domine au contraire, loin du coeur, dans les artérioles, résulte de l'abondance de fibres musculaires, en anneaux. Cette tunique jaune régularise le cours du sang et vient en aide aux contractions du coeur. Sous le choc de "l'ondée sanguine", l'artère se dilate puis elle rebondit, reprend sa forme normale, se contracte et restitue au sang une partie de la vitesse perdue. Ce battement des artères, provoqué par le battement du coeur, est le pouls: il ne se manifeste qu'aux rares endroits où les artères affleurent sous la peau: au poignet, au cou, à la tempe, au pied. Le médecin interroge le pouls au poignet, en appuyant l'artère radiale contre l'os voisin; de la sorte, il est renseigné sur les mouvements du coeur, avec un léger retard. En moyenne, 75 pulsations par minute et d'un rythme régulier. En cas de fièvre, le pouls bat plus vite et il est irrégulier. Un levier enregistreur peut inscrire les oscillations du pouls en l'absence du médecin.

Si l'on perçoit le pouls à peu d'endroits, c'est que les artères ont été logées profondément, protégées par les os, car leur blessure est fort dangereuse à cause de l'impétuosité du flux sanguin et de la tendance de ces tubes élastiques à demeurer béants. Le chirurgien exécute la ligature du côté du coeur; il serre avec précaution, craignant de couper la tunique jaune, et il emploie le plus possible des pinces. L'anévrisme est une dilatation anormale de l'artère, quand la tunique jaune a été détruite à une place: sa rupture est chose grave: elle est mortelle dans la poitrine.

Un coup d'oeil sur l'arbre artériel, ensemble de l'aorte et des artères greffées sur elle; tronc brachio-céphalique à droite, et pas à gauche; carotide du cou; sous-clavière, humérale, radiale et cubitale; 9 paires d'intercostales; tronc coeliaque triple, pour les viscères de l'abdomen; A. rénales des reins; iliaques des jambes, etc.

V — Veines. — Ce sont les vaisseaux mous, extensibles, dilatables, qui ramènent le sang aux oreillettes du coeur. Leur rôle est centripète. Les veines générales transportent le sang noir; elles se groupent pour former les 2 V. caves, inférieure et supérieure, dont le sang est aspiré par l'oreillette droite. Les veines pulmonaires, dont 4 sont terminales, conduisent à l'oreillette gauche le sang vermeil qui vient de s'oxygéner dans les poumons. Tandis que les grandes artères ne communiquent pas, la plupart des veines échangent de nombreux traits d'union. Le corps renferme environ cinq fois plus de veines que d'artères, car la vitesse du sang est cinq fois moindre dans les premières que dans les secondes. En général, une artère est accompagnée de 2 veines, profondes comme elle (surnommées ses satellites) et de plusieurs veines superficielles, affleurant sous la peau. Ainsi à l'avant-bras, 2 veines radiales, 2 cubitales, et 2 superficielles: la céphalique où l'on pratique la saignée et la basilique que le médecin évite dans la crainte de blesser l'artère qu'elle croise.

Si beaucoup de veines affleurent, c'est que leur blessure n'est pas chose grave: le sang noir coule très lentement; la coupure tend à se cicatriser d'elle-même; la ligature est facile; le médecin la pratique au-dessous de la partie blessée, au-delà par rapport au coeur. Les varices sont des gonflements anormaux des veines; elles sont peu dangereuses en comparaison des anévrismes; on les combat par des cautérisations, des bas élastiques, etc.

Comment le sang peut-il remonter des pieds au coeur, en dépit de la

pesanteur?I° L'oreillette droite agit comme pompe aspirante ; 2° Les veines sont
assez contractiles .3° Plusieurs mouvements dépriment les grosses veines, par exemple quand on aspire l'air, et cette pression élève le sang.Les mouvements inverses
ne le font pas retomber; il est alors arrêter par des soupapes en nids de pigeons
ou valvules semi-lunaires qui garnissent la plupart des veines. 4° Ces valvules
subdivisent le sang en petites colonnes qui sont ainsi soustraites ,dans une certaine mesure,aux lois de la pesanteur.La veine porte du foie, qui reçoit tout le sang
de l'abdomen, est la seule qui se ramifie; elle se subdivise en veines sous-hépa-
tiques et en capillaires qui sécrétent la bile (dans les lobules du foie) et qui
se regroupent en V. sus-hépatiques, dont les 3 troncs terminaux se jettent dans
la V. cave inférieure. Les veines des membres et les deux sous-clavières reçoivent
les vaisseaux lymphatiques. Les petits vaisseaux sanguins, artérioles et veinules,
gouvernent les circulations spéciales des capillaires; ils peuvent se dilater ou
se contracter sous l'influence de nerfs spéciaux; ils s'épanouissent quand un
organe doit recevoir plus de sang, afin de fonctionner. Ils déterminent la rougeur
ou la pâleur.

    VI.- Historique.- Jusqu'à Galien (130), on admit que les artères ne con-
contenaient que de l'air, parcequ'elles sont vides sur le cadavre; et jusqu'à
Vésale et Béranger(1550), on crut que les ventricules communiquaient. Servet et
Colombo découvrirent, en 1553, la circulation pulmonaire; en 1574, Fabricius, ex-
pliqua le rôle des valvules en nid de pigeon; enfin, son élève, Guillaume Harvey,
se rendit un compte exact de la circulation, par une série d'expériences qui dura
15 ans , de 1613 à 1629. Aselli avait découvert les chylifères en 1622; c'est pourquoi l'on considère le premier quart du XVII° siècle comme l'ère de la Physiologie
(étude de la vie). L'invention du microscope permit à Malpighi de découvrir les
globules (1661) et d'étudier les réseaux capillaires devinés par Harvey. On choi-
sit, d'ordinaire, la patte ou la langue d'une grenouille; on voit leurs gros globules ovales filer avec rapidité, et s'amincir pour pénétrer dans les plus fins
vaisseaux.

    VII°.- Circulation comparée.- Les mammifères et les oiseaux ont le coeur
et la circulation semblables aux nôtres: un coeur double, à 4 cavités, gouverne
une circulation double et complète. Ce dernier adjectif signifie que les 2 sortes
de sang ne se mélangent jamais. Les reptiles ont un coeur à 3 cavités: 2 Or, et
I V: les 2 sortes de sang se mêlent un peu dans ce ventricule unique, et beaucoup
au premier tiers de l'aorte qui communique avec l'artère pulmonaire par un canal
artériel. Donc les deux tiers postérieurs du corps reçoivent un mélange violet
qui ne peut pas être aussi favorable à l'activité vitale que le serait du sang
vermeil. Cette sorte de circulation est dite incomplète; elle est encore double.
    La circulation est simple, comme le coeur, chez les autre êtres, la phase
respiratoire fusionnant avec le circuit général, au lieu de se détacher à part.
Ainsi les poissons ont un coeur simple, veineux, à 2 cavités; droit, c'est-à-dire
correspondant à notre coeur droit. Inversement les crustacés et les mollusques ont
un coeur simple, artériel, gauche, c'est-à-dire correspondant à notre coeur gauche
Sur le dos des insectes un long vaisseau contractile tient lieu de coeur artériel
et d'aorte: ces êtres ont très peu d'artères; ils n'ont pas de veines. Le sang impur circule dans des lacunes entre les organes; il reçoit l'oxygène de tous côtés
car les tubes respiratoires(trachées)se distribuent partout. Le sang des invertébrés est incolore, à peine jaunâtre, parcequ'il est dépourvu de globules rouges;
toutefois, chez les vers, le plasma lui-même est rouge: ver de terre, sangsue.

VI^è LECON

La respiration.

I - Introduction - Cette fonction a un double but, oxygéner le sang et le purifier. Il n'y a que le sang oxygéné qui soit utile, c'est lui seul qui rajeunit et réchauffe le corps, qui entretient les organes et les fait fonctionner. Nous absorbons par jour plus d'oxygène que de pain: 750 grammes, aussi le nomme-t-on l'aliment respiratoire. Comme il fait brûler dans les profondeurs de l'organisme des principes riches en charbon (carbone), il produit du gaz carbonique CO_2 qui noircit et vicie le sang. C'est pourquoi la respiration rejette continuellement ce gaz malsain et, avec lui, beaucoup de vapeur d'eau impure animalisée, qui a fait partie intégrante du corps. Bref la respiration est un double échange gazeux qui s'effectue au sein des poumons: hématose.

II - Tube respiratoire - L'air y pénètre par le nez et un peu par la bouche, ce qui le rend humide et tiède, car les poumons craignent l'air sec et froid. L'entrée du tube respiratoire est le larynx, formé par quatre cartilages: il se rétrécit en une boutonnière, la glotte, qui produit la voix par la vibration de ses bords. Une soupape, l'épiglotte, protège le larynx quand nous mangeons elle est d'autant plus nécessaire que le tube respiratoire est placé devant le tube digestif. Si l'on rit en buvant l'épiglotte se soulève, quelques gouttes pénètrent dans la gorge, et l'on tousse malgré soi pour les expulser. Un long tube, la trachée- artère,est maintenu rigide par des anneaux cartilagineux, ouverts en arrière. Ce tube se partage en deux bronches primaires, aux anneaux complets, et celles-ci se ramifient régulièrement de deux en deux, par une sorte d'arborisation en bronches secondaires, les bronchioles (susceptibles de se contracter qui aboutissent à de petits sacs où l'air afflue, les lobules. Chaque poumon est formé par l'ensemble élastique des lobules et des bronchioles: le poumon droit a trois lobes, et le gauche en a deux. L'intérieur du tube respiratoire est tapissé d'une muqueuse rouge, criblée de capillaires qui se continuent dans le nez jusqu'aux narines. Les capillaires, qui serpentent sur les lobules relient les artères pulmonaires aux veines pulmonaires; indiquons en dessinant un lobule que les premiers vaisseaux amènent le sang noir lancé par le V.Dr.et que les second conduisent le sang vermeil dans l'Or.G. L'échange gazeux s'effectue à travers la muqueuse des lobules, membrane dont la surface dépasse 200 mètres carrés. L'intérieur des gros tubes et l'entrée du nez, sont garnis de cils vibrants qui repoussent les poussières et expulsent les débris de la muqueuse (mucosités.)

Chaque poumon est entouré d'une membrane lisse, onctueuse, à 2 feuillets qui glissent l'un sur l'autre sans jamais se séparer: cette double membrane nommée plèvre, est une séreuse comparable au péritoine. Un feuillet s'applique sur le

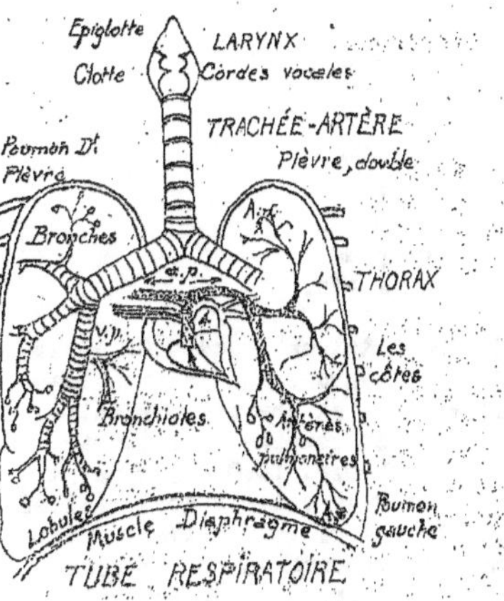

poumons, l'autre tapisse les côtes: une sorte de vide existe entre eux, ce qui les maintient accolés. Il en résulte que les poumons obéissent docilement, par l'intermédiaire des deux plèvres , aux mouvements de la poitrine. Rappelons que le diaphragme est la cloison bombée, musculaire, qui sépare les poumons de l'abdomen On nomme pleurésie l'inflammation des plèvres. Le rhume de cerveau ou corysa, résulte de l'inflammation de la muqueuse du nez; la bronchite de celle des bronches la fluxion de poitrine de celle des bronchioles. La phtisie est la destruction des lobules sous l'influence d'un champignon parasite que l'on combat avec l'iode .

III - <u>Mouvements respiratoires</u> - Le mécanisme des poumons rappelle assez bien celui d'un soufflet. L'<u>Inspiration</u> est active; elle résulte de l'agrandissement de la poitrine. Les côtes sont redressées par leurs muscles élévateurs, et le diaphragme s'abaisse en se tendant horizontal. Double motif d'agrandissement de la"cage thoracique". Les poumons obéissent, par l'intermédiaire des deux plèvres et se gonflent d'air pur. L'<u>Expiration</u> est passive : diaphragme et côtes reprennent leur position normale, et l'élasticité des poumons accélère le rejet de l'air impur. On se sert surtout des dernières côtes, très mobiles et même"flottantes" L'emploi des supérieures constitue l'essoufflement; on l'évite le plus possible dans certaines professions: chanteurs, coureurs, cavaliers. Pratiquer sur un asphyxié la "respiration artificielle", c'est lui faire accomplir ces mouvements alternatifs tout en insufflant de l'air dans les poumons.

IV - Echange gazeux

Air atmosphérique respiré	Air impur exhalé	Différence
4/5 Azote 0,79	0,79	Nulle
I/5 Oxygène 0,21	0,16	0,05 en moins
Gaz carbonique .. 0,0004	0,04	0,04 en plus
Vapeur d'eau = Variable	Beaucoup ; impur, animalisée.	

Ainsi, à travers les lobules, le sang des capillaires prend 0,05 d'oxygène après avoir exhalé 0,04 d'acide carbonique CO^2, et beaucoup de vapeur d'eau très impure. Nos poumons ont une capacité de 4 litres I/2, et chaque inspiration en remplit environ le neuvième, soit un demi-litre. Or, on respire I8 fois par minute, à peu près I0 litres: on absorbe 600 litres par heure, I4.000 litres par jour.Un tiers n'arrive pas jusqu'au lobules - les deux autres tiers sont utilisés soit I0 mètres cubes par jours. Et pour que l'atmosphère demeure respirable partout où nous sommes enfermés, surtout la nuit,l'hygiène recommande de disposer d'au moins $I0^{mc}$ par heure dans un appartement. Et 8 fois plus dans un hôpital, soit 80^{mc} par heure et par malade, d'un air prudemment renouvelé. Soyons plus difficiles sur la pureté de l'air que nous respirons que sur la qualité des aliments que nous mangeons. Et retenez que nous absorbons par jour plus d'oxygène que de pain: environ 600 litres, soit 750 grammes.

V - <u>Combustion respiratoire</u> - Le jour où LAVOISIER a dit: " Vivre c'est brûler" il a, du même coup, expliqué la respiration et fondé la chimie. Il comparait la respiration à la combustion d'une lampe ou d'un poêle, parce que, dans les deux cas, il y a production de chaleur, absorption d'oxygène, rejet de gaz CO^2 et de vapeur d'eau. C'est encore une sorte de fermentation. L'oxygène de l'air fait brûler le charbon, le bois, l'huile. Et si ce gaz est pur, au lieu d'être

affaibli par 4/5 d'azote, les substances flambent avec une merveilleuse activité:
une allumette presque éteinte, se rallume à plusieurs reprises; une spirale de
fer se consume en crépitant. Bref, l'oxygène est le principe comburant qui fait
brûler les combustibles en s'unissant à eux. Les globules rouges transportent,
dans les capillaires, le gaz oxygène, et celui-ci fait brûler, d'une manière très
compliquée, certains principes du sang, et les matériaux qui doivent être renou-
velés. Les sucres et les alcools sont brûlés les premiers et très vite; les graisses , plus lentement et avec régularité: ce sont les principes qui développent
le plus de chaleur et dont on consomme davantage en hiver et dans les pays froids.
Les provisions de graisse de l'organisme sont dépensées, et parfois rapidement,
en cas de jeûne, de maladie, ou d'un travail épuisant comme le prouve l'amaigris-
sement des animaux hibernants qui dorment tout l'hiver (marmotte) ou des émigrants
(caille) et la disparition de la bosse du chameau quand la caravane a terminé son
pénible voyage. Et comme tous les principes du corps sont riches en charbon (carbone), on comprend que l'oxygène ait transformé ce charbon en gaz carbonique CO^2.
Nos poumons exhalent, par jour, 480 litres de ce gaz, soit près de 850 grammes.
La peau en rejette 30 grammes, total : 880 grammes; ils représentent 260 grammes
de "charbon brûlé" et c'est la perte principale que doit réparer l'alimentation.

On démontre le rejet de vapeur d'eau en soufflant sur un objet froid
et brillant que la buée ternit. On approche un petit miroir des lèvres de l'asphyxié pour voir s'il respire encore. Cette vapeur et celle que notre peau exhale
sont très malsaines: elles ont fait partie intégrante du corps, elles sont ani-
malisées. Si l'on condense celle qu'on recueille au sommet d'un théâtre, on voit
bientôt naître dans ce liquide une multitude de petits êtres, infusoires et microbes. Le rejet du gaz carbonique se démontre en soufflant avec un tube dans de
l'eau de chaux, liquide aussi transparent que l'eau pure, bien qu'il tienne de
la chaux en dissolution. On le voit se troubler par la formation d'une sorte de
craie insoluble, qui se déposera, combinaison de la chaux avec l'acide carbonique:
c'est du carbonate de chaux:

$$C O^2 \quad + \quad Ca\,O \quad = \quad C O^2\,Ca\,O$$

gaz carbonique   chaux   carbonate de chaux (craie)

Et, si l'on insiste, si l'on continue de souffler, la liqueur redevient limpide,
parce qu'il y a formation d'un autre composé qui est soluble, le bicarbonate.

V.— Respiration comparée .— La moitié des animaux respire l'atmosphère.
Presque tous ont des poumons; ceux des mammifères et des oiseaux sont finement
subdivisés en lobules. Pour les autres êtres, ces poumons sont des sacs, médiocrement gaufrés près des branches chez les reptiles, plus ou moins feuilletés
chez l'araignée et l'escargot. Leur respiration, étant localisée dans un organe,
exige que la circulation soit nettement réglée. Les insectes offrent une disposition contraire; ils respirent de tous côtés avec des tubes élastiques, les trachées, qui se ramifient jusqu'au bout des pattes; il n'est donc pas nécessaire
que leur sang circule très régulièrement; aussi ne possèdent-ils à la sortie du
vaisseau dorsal, que très peu d'artères, et pas du tout de veines.

L'autre moitié des animaux, à respiration aquatique, absorbe l'air qui
est en dissolution dans l'eau. Cet air dissous est très riche en oxygène:
35°/° au lieu de 21. Les mieux organisés ont des branchies, lamelles ou panaches
criblés de capillaires, et que l'eau baigne de tous côtés. Le sang impur est
amené dans les capillaires par les artères branchiales; il se purifie, redevient
oxygéné il passe dans les veines branchiales . Les poissons, les crustacés, presque tous les mollusques ont des branchies. Les vers qui nagent portent ces houppes

sur le dos, et ceux qui s'enfouissent ont leur tête couronnée de ces panaches. Une multitude d'êtres, les zoophytes, respirent uniquement à travers la peau par toutes leurs régions molles.

La grenouille, le crapaud, naissent avec des branchies qui sont remplacés par des poumons; ces êtres, nés aquatiques(têtards) se métamorphosent en êtres aériens, ce sont des poissons qui se transforment en reptiles(batraciens).

VI.- <u>Récapitulation</u>.- Nous venons d'étudier les trois grandes fonctions de la vie de nutrition, en mêlant la description des organes(Anatomie) à l'étude de leur rôle(Physiologie). Nous n'avons insisté que sur trois genres de membranes

1° les tuniques musculaires, formées de fibres lisses, se contractent, quand il convient, sans que la volonté intervienne, car, cette vie de nutrition ne dépend pas du cerveau; elle est gouvernée par un système spécial, filets nerveux et petites masses dites ganglions nerveux dont l'ensemble est, si bien coordonné, si plein d'harmonie,qu'on le nomme grand sympathique. C'est la tunique musculaire qui détermine les utiles contractions du tube digestif, des artérioles, des veinules et des bronchioles.

2°.-Les membranes muqueuses tapissent l'intérieur de la plupart des organes et des glandes ; elles se prolongent jusqu'aux lèvres et aux narines. Elles doivent leur couleur rouge à leur richesse en capillaires sanguins. La couche superficielle est protectrice ,insensible, sans cesse renouvelée; ses cellules fondenten une humeur très nécessaire, le mucus; et leurs débris constituent les mucosités que balayent les cils vibratiles des bronches et de la trachée-artère.

3° Les membranes séreuses, minces et dures, sont très protectrices, lisses, onctueuses, doubles, c'est-à-dire à deux feuillets glissant l'un sur l'autre et produisant une humeur épaisse qui adoucit les frottements: la sérosité. Elles tapissent l'extérieur des viscères, les cavités closes, l'intérieur du coeur et des artères. Tels sont le péritoine de l'intestin, les deux plèvres des poumons, le péricarde et l'endocarde du coeur, l'arachnoïde du cerveau, les bourses synoviales qui tapissent les articulations des os.

D'autres fonctions complètent les trois premières, par exemple la fonction lymphatique. La lymphe est formée par le sang appauvri qui a filtré, sans les globules, à travers les capillaires pour rajeunir l'organisme, et par l'absorption des humeurs internes telles que la sérosité des séreuses, la synovie des articulations. La lymphe aide le sang veineux à balayer les débris de l'organisme restauré par le sang artériel. Elle contient les principes utiles et surtout des globules blancs. C'est pourquoi elle finit par se mêler au sang des veines, dans les membres et dans les 2 sous-clavières. après avoir circulé dans les vaisseaux lymphatiques, irréguliers, flexueux, communiquants, renflés en pelotonnements dits ganglions lymphatiques. Ceux de l'abdomen deviennent chylifères après le repas; ils aboutissent au canal thoracique qui remonte la poitrine et se jette dans la veine sous-clavière gauche. Les lymphatiques de la tête et du côté droit aboutissent au grand lymphatique droit qui n'a que quellua centimètres.L'excès de lymphe est malsain, les tempéraments lymphatiques sont indolents et prédisposés aux épidémies. C'est le cas des populations et du bétail dans certaines grandes plaines (Hollande) et dans les pays marécageux (Dombes). Les ganglions se gonflent, on le constate sur ceux qui affleurent; c'est ce que le vulgaire nomme les glandes du cou et l'expression n'est pas trop impropre car ces pelotonnements fonctionnant comme des glandes, produisent des élaborations utiles, par exemple des globules blancs.

Non seulement, le sang doit être purifié immédiatement, dans les poumons de ses impuretés gazeuses, mais il doit abandonner d'autres détritus dans plusieurs glandes. Il se débarrasse de l'urée de l'excès de sels et des principes de la bile au sein du foie, des reins et des petites glandes de la peau qui produisent la sueur les humeurs grasses, etc..; nous y reviendrons.

VIIe LEÇON

La chaleur vitale.

I - Température constante. La chaleur du corps dépend surtout de l'énergie de la respiration. Plus un être respire, plus il consomme d'oxygène, et plus
il a chaud. Si l'exercice musculaire et la digestion réchauffent, c'est parce qu'
ils augmentent la circulation du sang oxygéné, parce qu'ils doublent la dépense
d'oxygène. Sous ce rapport, qui est de premier ordre, deux classes sont très supérieures: les mammifères et les oiseaux. Leur sang est très chaud et il doit conserver constamment cette chaleur. Ce sont les êtres à Température constante. Pour les
premiers 38°; pour les seconds 42°: c'est dire que les oiseaux respirent avec le
plus d'intensité. Et, en effet, leurs poumons communiquent avec des réservoirs
d'air, à savoir les grands os creux et 9 ou II sacs volumineux. Ces êtres supérieurs doivent, comme nous, lutter contre les rigueurs de l'hivre et les ardeurs
de l'été; un degré ou deux, en plus ou en moins, détermineraient la mort. La nature
les a vêtus d'un véritable vêtement, fourrure ou duvet qu'elle épaissit en automne,
et qu'elle allège au printemps: ce sont les deux mues. Ce vêtement maintient la chaleur du corps pour double motif: parce que les poils et les plumes ont ce pouvoir
conservateur; et, d'autre part, parce que les matières filamenteuses emprisonnent
une couche d'air très préservatrice . L'air immobile s'oppose aux déperditions de
chaleur: de là le bon effet des doubles fenêtres dans le Nord. Et comme la couleur
blanche est la plus favorable au maintien de la température, quelques animaux des
pays froids ont toujours une fourrure blanche(ours, lagopéde, harfang) et d'autres
deviennent blancs par leur mue d'automne: hermine, isatis, lièvre des Alpes. Ceux
qui ont peu de fourrure ou qui vivent dans l'eau sont protégés par une épaisse
couche de lard: porc, hippopotame, phoque, pingouin, manchot.- Quelques êtres exceptionnels hibernent, passent l'hiver el léthargie: marmotte, chauve-souris.
Leur température baisse, sans inconvénient, parce que la respiration se ralentit
beaucoup: toutefois elle n'est pas nulle. Le peu d'oxygène absorbé fait brûler les
provisions de graisse déterminée par la voracité de l'hibernant avant de s'endormir.
Ces êtres se réveillent amaigris et affamés; ceux qui ont fait des provisions de
nourriture pour le réveil sont très nuisibles à l'agriculture: campagnol, hamster.

II.- Notre température .- Elle set de 37°I/2: elle doit demeurer constamment 37°,5. Nous luttons contre le froid par l'exercice musculaire, l'alimentation plus abondante; aliments gras et féculents, boissons alcooliques; les épais
vêtements qui immobilisent une couche d'air; les doubles fenêtres; les divers modes
de chauffage. Nous luttons contre l'été en favorisant la production et l'évaporation de la sueur avec les fruits aqueux et les boissons acidulées; les vêtements
légers et de couleur claire, qui repoussent les rayons du soleil; les bains froids.
En prenant des précautoins, l'homme a toléré des écarts de chaleur extérieure de
210 degrès, sans que sa température cessât d'être 37°,5: il a souffert 72° au pôle
nord, et il a bravé dans un four sec, une chaleur de 138°.

Les explorateurs du pôle ont subi pendant plusieurs semaines un froid exces-
sif; le thermomètre s'est abaissé à 72° au-dessous de zéro. Et pourtant, grâce aux
conseils de leurs officiers, les équipages n'ont pas trop souffert. On évite surtout le contact des métaux, une timbale de métal brûlerait les lèvres comme le fait
un fer rouge. L'excés de froid ressemble à l'excés de chaleur. C'est pendant la
terrible retraite de Russie que l'on a constaté les effets d'un hiver rigoureux:
engourdissement, mal aux yeux, soif ardente, sommeil irrésistible; le froid
tienne

congestionne le cerveau et altère les globules qui forment des caillots; la circulation s'arrête.

On peut tolérer de vives chaleurs pourvu que leur sécheresse favorise l'évaporation rafraîchissante de la sueur. C'est Franklin qui l'a observé le premier, en voyant des moissonneurs braver les ardeurs du soleil en buvant beaucoup d'eau presque sans mélange. Aux premieres années de ce siècle "l'Homme incombustible" demeurait un quart d'heure dans un four, à 110° garanti par un épais vêtement de laine blanche rappelant le burnous arabe. Il tenait dans une assiette de la viande et des pommes et il attendait qu'elles fussent cuites. On avait vu un spectacle encore plus extraordinaire, vers 1760, au village de la Rochefoucault(Charente): les 3 servantes du four public entraient dans ce four pour le balayer: elles y restaient 10 minutes à 132° et cinq minutes à 138°!. Mais lorsqu'au lieu d'être sèche et, par suite, de favoriser l'évaporation de la sueur, la chaleur est humide, elle devient intolérable. On ne reste guère dans les étuves de vapeur, maures et russes, à 55°; et il est difficile de demeurer 8 minutes dans un bain d'eau à 45 degrés. La chaleur humide des tunnels et des mines décimerait les ouvriers qui les creusent, si l'on ne prenait de grandes précautions.

III.— **Température variable.**— A partir des reptiles tous les animaux ont une respiration médiocre et une activité vitale restreinte, surtout en hiver: ils produisent beaucoup moins de chaleur, et leur température variable subit sans inconvénient les écarts considérables que déterminent les saisons. Leur sang est froid en hiver; il peut être tiède en été. Les reptiles ont de 4 à 8 degrés de plus que le milieu ambiant, air ou eau, qui les entoure. Ils cherchent le soleil. Faibles dans les régions tempérées et engourdis par l'hivre, dangereux sous la zone tropicale par leur taille et leur venin. Les poissons n'ont qu'un degré de plus que l'eau, sauf les plus actifs: brochet 4°, requin 10°. Pendant l'hiver le fond des eaux conservant +4°, température du maximum de densité, les protège contre la gelée. Quant aux invertébrés, ils n'ont qu'une fraction de degré de chaleur. Plusieurs petits êtres, tardigrade, rotifère, anguillule, se prêtent à la curieuse reviviscence: on les dessèche à 120°, ou bien on les congèle: la vie demeure latente en eux pendant des années entières, comme dans une graine, et si l'on les humecte d'une goutte d'eau, ou si l'on les réchauffe progressivement, ils se raniment et reprennent le cours de leur vie suspendue.

Asphyxie

I.— On nomme asphyxie la mort par privation d'air. Mort réelle ou apparente provenant d'un trouble grave dans la respiration. Parfois le souffle est arrêté; il ne ternit pas le miroir exposé aux lèvres de l'asphyxié. Le pouls, le cœur ont cessé de battre. Il faut donc rétablir simultanément la respiration, la circulation et la chaleur. On pratique la "respiration artificielle" en faisant exécuter les mouvements respiratoires: on insuffle de l'air, ou mieux, un mélange d'oxygène 70% et d'air; on frictionne, on électrise, on emploie des flanelles chauffées. Voilà pour l'asphyxie simple, c'est-à-dire sans empoisonnement par submersion, strangulation, excès de froid ou de chaleur, manque d'air aux mineurs ou aux plongeurs, etc. Et s'il y a empoisonnement on combat cette asphyxie toxique en administrant le contre-poison lorsqu'il y en a un.

II.— **Gaz Carbonique.**— L'atmosphère n'en renferme que 0,0004 et cette faible proportion est indispensable aux plantes qui l'absorbent par leurs feuilles pendant le jour sous l'influence du soleil. Quand la quantité est de 0,001, on souffre d'un violent mal de tête; à 0,01 il surexcite les nerfs, puis assoupit et s'oppose à la purification pulmonaire: il tue à la dose de 0,5. C'est le gaz qui

asphyxie le vigneron dans le pressoir ou la cuve, le brasseur dans le germoir
(à orge) et la brasserie, parce que la fermentation du vin et de la bière en dégage
énormément ainsi que la germination des graines. On prévoit le danger avec une
longue perche portant une bougie allumée; elle s'éteint: alors on ventile, et l'on
jette de l'eau de chaux. Il faut bannir les animaux de la chambre à coucher; les
plantes aussi, car, à l'inverse de ce que fait la feuille dans le jour, le végétal
exhale du gaz carbonique pendant la nuit. La plupart de nos modes
de chauffage et d'éclairage produisent du gaz CO^2. Les mines, les carrières abandonnées, les terrains volcaniques en dégagent. La "Grotte du Chien", près de
Naples est célèbre; le gaz très lourd reste au voisinage du sol, de sorte qu'un
chien est asphyxié, tandis que le visiteur n'est nullement incommodé, à moins
qu'il ne se baisse. Dans la "Vallée de la Mort" à Java, on voit çà et là des
squelettes d'animaux surpris par les infiltrations asphyxiantes.

   III - Air Vicié - L'air confiné asphyxie par insuffisance d'oxygène,
excès de gaz CO^2 et de vapeur d'eau chargée de miasmes. On cite quelques exemples
terrifiants. En six heures, sur 146 prisonniers anglais entassés dans une étroite
salle, 123 moururent dans d'horribles souffrances (Calcuta, 1750) Au lendemain
d'Austerlitz sur 300 Autrichiens enfermés, la nuit dans une cave,260 expirèrent
misérablement. Il faut donner de l'air aux appartements et surtout aux chambres à
coucher, bannir de ces dernières tout ce qui, comme nous, consomme de l'oxygène
et rejette du gaz CO^2: poêles, lampes, animaux, plantes. Renouveler l'air pur prudemment, par une ventilation modérée, à raison de 10 mètres cubes par heure et par
personne: et huit fois plus dans un hôpital. La vapeur d'eau animalisée est chargée
de miasmes infectieux, ils peuvent transmettre la fièvre typhoïde. Certaines agglo-
mérations de malades ou de blessés ont souvent engendré le typhus, plus meurtrier
que le canon.

   IV - Gaz toxiques,vénéneux -
   I° L'Oxyde de carbone, CO se dégage dans toutes les combustions incomplètes
où l'oxygène est insuffisant: poêle de fonte incandescents, vernis à la plombagine;
chaufferettes trop garnies; réchauds où le révèle sa flamme bleue:incendie de
théâtre. A la dose de 0,03 il empoisonne, et l'on ne connaît aucun contre-poison.
Le sang de l'asphyxié demeure vermeil tandis que dans tous les autres cas il est
noir.
   2° Gaz sulfhydrique infect et terrible "plomb" qui foudroie dans les fosses
mal ventilées; on le combat en faisant respirer avec précaution du chlore.
   3° Le Protoxyde d'Azote et l'oxygène comprimé endorment la sensibilité comme
l'éther ou le chloroforme; les chirurgiens les administrent avec beaucoup de précautions, car ce sont des gaz dangereux. On rattache aux cas précédents l'asphyxie
par le gaz d'éclairage, le grisou des houillères, les émanations méphitiques des
égouts, des amidonneries, des routoirs, etc..

   V - manque d'air - Quand on s'élève dans les "régions raréfiées" on s'expose à une véritable asphyxie par manque d'oxygène. C'est ainsi que le mal des montagnes commence à se faire à sentir dans les Alpes à partie de 2000 mètres.
Les religieux du Mont St.Bernard (2.500 m)souffrent en accomplissant leur mission.
Au delà, le touriste ressent une incroyable fatigue provenant du manque d'oxygène;
les muscles ne reçoivent qu'un sang pauvrement oxygéné, alors qu'on leur impose
une tâche écrasante. De Saussure s'arrêtait forcément tous les vingt pas sur les
glaces du Mont Blanc 4.800 m. A certains jours les guides les plus exercés, les
plus vaillants, s'avouent vaincus et redescendent, malgré les instances du voyageur

que soutient l'amour de la science. Ils renoncent à lutter contre les douleurs de tête , éblouissements palpitations, nausées, prostation, sommeil invincible. Les neiges éternelles augmentent beaucoup le mal des montagnes et les Alpes sont plus spécialement dangereuses. Près de l'équateur, on vit parfaitement à 4.000 m. (Potosi, Antisana); seulement cette race des Incas est caractérisée par l'ampleur de la poitrine. Les Hauts Plateaux du Thibet, 4.800 m. sont habités par des populations étiolées, anémiques. Des explorateurs ont escaladé les plus hautes cimes de l'Hymalaya, le Gaurisankar à 8.050 m. Remarquez que l'on monte lentement et qu'on est libre de s'arrêter.

Il n'est est pas de même pour les aéronautes qui ont surtout à redouter une brusque élévation du ballon, produisant une brusque décompression atmosphérique et une immédiate privation d'oxygène. Cette diminution de pression atmosphérique détermine dans le corps, de graves infiltrations des liquides et expansions des gaz. Le sang jaillit par le nez et les oreilles; le diaphragme est paralysé. Le froid, la sécheresse, les difficultés de la direction du ballon, mille causes augmentent le danger. Mais le principal consiste dans le manque d'oxygène, et quand sa proportion est réduite de moitié dans le sang artériel, soit 9 vol. au lieu de 18, la vie n'est plus possible, vers 8.600^m. Telle est la limite qui ne sera jamais impunément atteinte, quand bien même on emporterait dans des ballonnets les provisions d'oxygène 70 % conseillées par P.BERT. C'est ainsi que sont morts, dans leur zèle pour la science, deux des aéronautes du Zénith SIVEL et Crocé-SPINELLI; le 3ème , M.TISSANDIER, de santé moins robuste, sauvé par son évanouissement même (comme l'avaient été , dans de célèbres ascensions, Glaisher et Coxwell) a décrit le vertige, l'extase, la surexcitation, la prostation et l'asphyxie dont ils furent saisis. Le Zénith a flotté pendant 2 heures entre 8.400 et 8.600 mètres: 15 Août 1875.

LECTURE - Quelques passages de l'article publié dans la Nature par M.G.TISSANDIER au lendemain de ce douloureux évènement.

<h3 style="text-align:center">VIII^è LEÇON -</h3>

<h3 style="text-align:center">Les os - Le squelette.</h3>

I - Les Os - On nomme Vie de Relation, ou vie animale proprement dite, l'ensemble des phénomènes de sensibilité et de mouvements volontaires qui caractérisent les animaux. Les plantes en sont dépourvues. C'est le système nerveux qui est sensible et qui gouverne les mouvements. Le cerveau commande les mouvements volontaires; les nerfs transmettent ses ordres, et les muscles se contractent pour entrainer les Os mobiles. Quand aux os immobiles, ils servent de base aux autres.

Le squelette commence par être mou, cartilagineux; on manie avec précaution les petits êtres, surtout la tête qui pourrait être déformée. L'os durcit par une incrustation régulière de sels calcaires; elle s'accomplit autour de points déterminés ou "points d'ossification". Dans les grands os, il y en a trois, très symétriques, par ce que l'os est divisé en 3 régions qui se soudent seulement de 20 à 25 ans. Jusque là on grandissait; quand la soudure est achevée, on cesse de grandir. Curieuse observation : en multipliant l'âge de croissance d'un être par 4 ou 5 , on obtient la durée probable, possible de son existence: soit pour nous, 25 x 4 = 100 ans. Pour le cheval, 7 x 4 = 28 ans. L'extérieur des os longs est beaucoup plus dur que l'intérieur qui se creuse et se remplit de moëlle: le tissu compacte entoure le tissu spongieux.

Les os sont formés, nourris, entretenus, de trois manières : 1° par la membrane qui les entoure, dite périoste; 2° par les vaisseaux sanguins qui pénètrent les profondeurs de l'os à travers les fins canaux dont il est criblé; 3° par sa moëlle, active tant qu'elle est jeune et rosée, mais qui devient grasse jaune, inerte. Flourens a montré que le rôle du périoste est capital. Quand il mêlait un peu de garance à la nourriture de petits animaux , un anneau rouge se formait autour du centre blanc des os. Dans toute amputation, le chirurgien respecte le plus possible le périoste (et la moëlle rosée); on cite des cas admirables de régénération d'os fracassés ou cariés : le tibia de la jambe d'un jeune homme.

II - <u>Composition des os</u> - et, pour mieux la comprendre, modifications chimiques des os :

```
        31 Osséine gélatineuse ........................ 31
                 ⎧Phosphate de chaux ............... 60
        69  Sels ⎨Carbonate de chaux ............... 6
        Calcaires⎩Divers ........................... 3
                                                    ───
                                                    100
```

1° Quand on attaque un os par un acide, celui-ci dissout les sels calcaires, isolant l'osséine qui conserve la forme primitive; on obtient ainsi des pièces anatomiques légères.

2° L'eau surchauffée dans la marmite de Papin donne d'abord, en dissolvant la graisse des os, et quelques principes albumineux, un bouillon passable. Tel était le but du médecin philanthrope qui a transformé le monde , alors qu'il cherchait à soulager la misère. Une action prolongée de l'eau surchauffée transforme l'osséine en gélatine , soluble;c'est plutôt un apéritif qu'un aliment: la gélatine enrichit le suc gastrique en pepsine. En concentrant la gélatine , on obtient la colle-forte. On traite d'abord les os par l'acide chlorhydrique , et l'on ajoute des peaux, des cartilages des tendons.

3° En calcinant les os à l'air libre, on désorganise l'osséine qui s'échappe en fumée, et l'on obtient la matière minérale, blanche friable; engrais excellent mais coûteux, et source industrielle du phosphore.

4° Et si l'on calcine en vase clos, on obtient le noir animal : la carbonisation de l'osséine forme un charbon qui associé aux sels calcaires, constitue une masse poreuse, employée à décolorer les sucres, sirops, vinaigres, etc.

III - <u>Articulations</u> - Pour se raccorder, deux os voisins présentent des surfaces qui se moulent l'une sur l'autre. Quand la région doit être immobile protectrice, comme pour le crâne qui abrite la cervelle, les os engrènent d'une manière sinueuse, merveilleusement dentés. Dans les articulations mobiles , les surfaces de contact demeurent cartilagineuses. Si les deux os sont tous deux mobiles, leurs extrémités sont contournées en poulies : coude, genou, jointures des doigts. Sinon, l'os immobile se creuse d'une cavité qui reçoit la tête arrondie de l'os mobile ou sa saillie pointue: tête de l'humérus du bras, tête du fémur de la cuisse. L'intérieur de l'articulation est humecté par une bourse séreuse qui sécrète la synovie: l'extérieur est maintenu par des ligaments et surtout par l'épaississement du périoste en capsule.

IV - <u>Les Os de la tête</u>- On distingue 2 régions, le c...e et la face
Le crâne sert à protéger la cervelle; il est formé de 8 os admirablement engre-
nés : le frontal du front, les 2 pariétaux des parois, les 2 temporaux des tempes
l'occipital de la nuque, et 2 os internes compliqués, qui raccordent les autres
os entre eux et à ceux de la face, sphénoïde et ethmoïde. La face, qui abrite
les organes des sens, est formée par 13 os : les 2 nasaux et les cornets inférieu
du nez, le vomer qui partage cet organe en 2 moitiés, les lacrymaux qui abritent
les glandes lacrymales, les palatins de la voûte du palais, les jugaux des joues
les 2 maxillaires supérieures de la mâchoire du haut, et l'os maxillaire inférieur provenant de la soudure intime de 2 moitiés . Un seul os ne se raccorde pas
au squelette, il protège la gorge : l'os hyoïde.

V - <u>Colonne vertébrale</u> - C'est la base du squelette; tous les autres
os viennent s'y appuyer. D'autre part elle est creuse, elle constitue un fourreau protecteur du rachis ou moëlle épinière, cordon nerveux qui relie la cervel
valle aux nerfs du corps. Ce double rôle est tellement important que l'on nomme
Vertébrés les animaux supérieurs, indiquant par ce seul mot, qu'ils ont un squelette, une cervelle et une moëlle épinière. Notre colonne vertébrale présente
une triple courbure pour assurer la station verticale qui caractérise l'homme,
la tête se tient droite, le corps se tient debout. Elle est formée par l'empile-
ment de 31 vertèbres creuses, à savoir:

<pre>
     7 Vertèbres cervicales du cou.
    12   "   dorsales du dos
     5   "   lombaires des reins
     4   "   sacrées du sacrum
     3   "   coccygiennes du coccyx
    ──
    31
</pre>

La 1ère vertèbre, l'atlas, porte la tête: c'est un anneau qui reçoit
dans deux petites cavités, les deux saillies de l'os occipital. Cet anneau peut
tourner autour de la 2ème vertèbre, l'Axis, qui s'allonge en cône ou en pyrami-
de, et c'est ainsi que la tête tourne sur les épaules. Les autres vertèbres, de
plus en plus grosses, se ressemblent assez. En avant, un corps arrondi, en arrière un arc osseux, muni de pointes ou apophyses, dont les trois principal...
servent de point d'attache aux muscles qui fléchissent la colonne vertébrale.
Entre ces deux régions une ouverture "le trou rachidien" la superposition de
ces trous forme le fourreau rachidien qui abrite le rachis ou moëlle épinière.
Les nerfs sortent entre les vertèbres par de petites échancrures "trous de conjugaison" Certaines vertèbres portent en avant un arc osseux beaucoup plus large
ce sont les côtes et le bassin.

VI - <u>Thorax et bassin</u> - La cage thoracique abrite le coeur et les
poumons; elle est assez mobile pour jouer un rôle dans la respiration. Le thorax est formé, en arrière, par les douze vertèbres dorsales du dos; en avant,
par un os vertical, le sternum, et, sur les côtés, par les douze paires de côtes
qui se raccordent au sternum par une région demeurée cartilagineuse. Les 7 premières , dites côtes vraies, se relient directement au sternum et les cinq autres, dites fausses, indirectement. Les trois dernières, libres, flottantes,
servent beaucoup plus que les supérieures à la respiration, avec le concours
du diaphragme.

Le bassin abrite imparfaitement les viscères de l'abdomen et sert de
base aux membres inférieurs. Il est formé en arrière, par la soudure des 7 vertèbres sacro-coccygiennes que termine le coccyx ou os du siège; sur les côtes
par l'os iliaque des hanches, et, en avant, par les 2 os pubis, non soudés.

formant l'arcade pubienne qui est le type des articulations demi-mobiles, dans le genre du raccordement des vertèbres. Nous comparerons le bassin à l'épaule.

IX° LEÇON -

Le Squelette (Suite)

VII - **Les Bras** - Nos membres supérieurs sont destinés à saisir rapidement. Ce qui domine en eux c'est l'agilité plus encore que la force. C'est pourquoi leur base est assez mobile : l'épaule. Elle est formée en arrière, par un grand os triangulaire, l'omoplate, et, en avant, par la clavicule qui s'étend de l'omoplate au sternum. L'ensemble des 4 os forme un arc double, une ceinture dite "scapulaire". Une cavité de l'omoplate reçoit la tête ronde de l'os du bras. La clavicule qui contribue à redresser la tête, à effacer les épaules, à saisir les deux bras, caractérise les êtres grimpeurs. Le Bras proprement dit est formé par un os , l'humérus: sa tête ronde tourne librement contre l'omoplate; l'autre bout s'épanouit en large poulie. Ce grand os est tordu, comme le sont, d'ailleurs, presque tous les os longs : on dirait la moitié d'un pas de vis. De la sorte les muscles s'attachent obliquement, ce qui donne aux mouvements plus de souplesse et de grâce: sinon ils seraient brusques, rigides.

L'**Avant-bras** est constitué par 2 os parallèles, qui peuvent se croiser: le cubitus, dont la saillie forme le coude, s'amincit vers le poignet; le radius, au contraire, est beaucoup plus large au poignet. Son nom indique qu'il tourne, en X, autour du cubitus , lorsque la main s'apprête à saisir, pouce en dedans. Notre poignet, ou carpe, possède une souplesse très grande, déjà bien moindre chez les singes; il est formé de 7 petits os mobiles placés sur deux rangs. La première rangée se compose de trois os: scaphoïde, semi-lunaire, pyramidal; plus un supplémentaire, très petit logé dans un tendon, le pisiforme, gros comme un pois. La deuxième rangée est formée de 4 os: trapèze, trapèzoïde, grand os, os crochu. Après le poignet vient la **main** , admirablement disposée pour saisir; et d'abord la paume ou le dos, région nommée métacarpe, parcequ'elle fait suite au carpe. Elle est formée de 5 os métacarpiens; le cinquième, qui porte le pouce est libre à son extrémité. Puis les doigts, formés chacun, d'une phalange, une phalangine et une

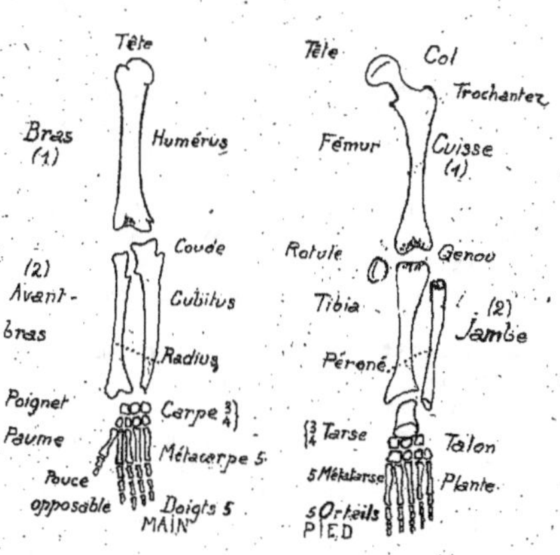

phalangette qui porte l'ongle. La main est caractérisée par un pouce opposable, qui peut être opposé aux autres doigts et à la paume, car il possède huit muscles spéciaux. Le pouce n'a pas de phalangine.

VIII - **Les Jambes** - Ce qui domine dans nos membres inférieurs, c'est la force que réclament la marche et la station verticale, l'acte de se tenir debout. Leur base est immobile: c'est le bassin que l'on compare à l'épaule. Ainsi l'os iliaque des hanches rappelle l'omoplate, et l'arcade pubienne est comparable à celle des clavicules. L'ensemble de ce double arc constitue la ceinture sacrée analogue à la ceinture scapulaire: chez certains animaux, les deux ceintures sont identiques (tortue). Notre Cuisse est formée d'un seul os, le plus volumineux de tous, le fémur, dont la tête ronde tourne assez librement dans une cavité de l'iliaque. Au-dessous, une région rétrécie, le col du fémur, se fatigue avec les années, et devient fragile chez le vieillard. Une saillie robuste, le trochanter, reçoit des muscles importants de la marche. L'articulation de la cuisse avec la jambe, le genou, est renforcée par un petit os spécial, la rotule, qui n'a pas son homologue au coude. La Jambe proprement dite est formée de 2 os parallèles, très inégaux, le tibia et péroné, qui rappellent le cubitus et le radius bien que le péroné ne tourne pas autour de son voisin. Puis vient la région que l'on compare au carpe ou poignet, et qui est formée, comme lui, de 7 os: le tarse. Il constitue le talon en arrière et le cou-de-pied en avant. Le talon est constitué par le calcanéum. Sur le devant, l'astragale, est suivie du scaphoïde: les quatre autres forment une rangée; ce sont le cuboïde et les trois cunéiformes un peu coniques.

Notre **Pied** n'étant pas fait pour saisir, s'étale largement pour la station debout et la marche. Et d'abord la plante ou le dos, région dite métatarse parcequ'elle fait suite au tarse. Elle est formée de 5 os métatarsiens: le cinquième qui porte le gros orteil, est libre à son extrémité. Puis les orteils, formés chacun, comme les doigts de trois phalanges. Le gros orteil n'a pas de phalangine il n'est pas opposable; ce n'est pas un pouce: le pied n'est pas une main. Il n'en n'est pas de même des singes: ils sont quadrumanes pour vivre dans les arbres. L'homme est bimane et bipède.

NOTE - Remarquer, dans les deux sortes de membres, la progression I, 2, 3, 4, 5. Ainsi, I. Humerus, fémur; 2. Cubitus et radius; tibia et péroné; 3. première rangée du carpe et du tarse; 4. Deuxième rangée; 5. Les métacarpiens et métatarsiens, les doigts et les orteils.

Ne pas dessiner l'ensemble du squelette, mais certains détails; les membres, une vertèbre, les 2 premières, le temporal et le maxillaire inférieur. L'éditeur Deyrolle vend un ensemble très satisfaisant.

Expliquer quelques termes: tibia, en flûte; cubitus; humérus.

IX - **Quelques modifications** du squelette chez les mammifères. Le cou est toujours formé par sept vertèbres cervicales, aussi bien chez la girafe que chez le boeuf. La queue est constituée par les vertèbres caudales: 45 chez le pangolin; 30 chez le sapajou qui l'enroule autour des branches. Les dispositions des membres correspondent à celles de la dentition; elles révèlent le genre de vie et le régime de l'animal. Ainsi les félins (chats) sont armés de griffes encore plus terribles que leurs crocs; les Ruminants n'ont qu'un sabot aussi inoffensif que le devant de leur mâchoire. Disproportion des membres des sauteurs: kangourou, gerboise. Quelques explications: le chien alerte est digitigrade; l'ours est lourdement plantigrade. Pelles de la taupe; quatre rames du phoque; deux nageoires du dauphin; ailes de la chauve-souris sur 4 doigts allongés. On voit s'allonger de plus en plus les deux régions qui correspondent à la paume

de la main et à la plante du pied: le métacarpe et le métatarse. C'est un levier
de plus pour la course. Tel est le canon de beaucoup d'herbivores. Celui des ruminants est double et suivi de deux doigts formant un sabot fourchu. Le canon du
cheval est simple et suivi d'un seul doigt, dont les 3 phalanges sont nommées paturon,couronne,et pied ou sabot. Dans la majorité des mammifères le nombre des doigts
est 5. Quand il est moindre, c'est d'abord le correspondant du pouce qui disparaît
(l'hippopotame a 4 doigts); ensuite le petit doigt (le rhinocéros a 3 doigts); puis
le correspondant de l'index (les ruminants ont 2 doigts); enfin l'annulaire; le
doigt unique du cheval correspond à notre médius ou médian.

Les Muscles

Les muscles sont les organes fibreux, mous, élastiques, qui se contractent sous l'influence des nerfs. On les divise en deux catégories suivant que
les fibres qui les constituent sont lisses ou striées. Nous connaissons les muscles lisses (page 18) ce sont les serviteurs de la vie de nutrition; ils ne se
rattachent pas aux os. Ce sont eux qui constituent la tunique musculaire, aux
mouvements très utiles, du tube digestif, du tube respiratoire, des vaisseaux
sanguins, de la vessie. On cite encore les cils vibratiles du nez et du tube respiratoire, repoussant les poussières et balayant les mucosités, et l'iris coloré
de l'oeil. Cet écran est percé d'une ouverture noire, la pupille ou prunelle,
par laquelle entrent les rayons de la lumière; il se contracte en plein soleil,
et il se dilate dans l'obscurité. Les muscles lisses ne dépendent pas de la
volonté; ils obéissent lentement au système nerveux grand sympathique. On ne mange
pas cette sorte de tissus, peu agréable au goût, peu nutritifs, et difficiles à
digérer.

Au contraire, ce que nous mangeons, ce sont les muscles striés, dont
l'ensemble constitue la chair, la viande. La plupart de ces muscles se rattachent
au squelette; ils obéissent rapidement aux ordres du cerveau et leur contraction
déplace les os mobiles. Ils sont formés de fibres striées, réunies, groupées,
solidarisées par un fourreau blanc, nacré, l'aponévrose. Cette gaîne se prolonge
pour relier le muscle à l'os, soit en une lame aponévrotique qui s'étale sur l'arê-
te de l'os,soit en un cordon dur, insensible,inextensible,le tendon qui s'insère

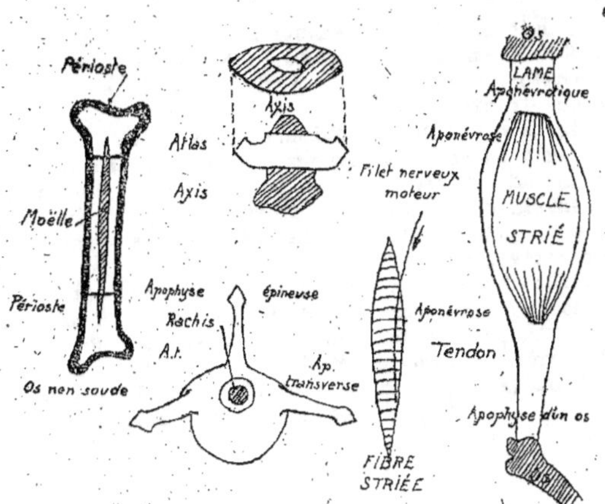

en saillies ou apophyses.
Le plus gros tendon est
celui d'Achille qui relie
le mollet au talon. Le
muscle le plus connu est
le biceps qui fléchit
l'avant-bras sur le bras
pour soutenir un fardeau,
ou rapprocher la main de
l'épaule; son nom indique
qu'il se bifurque à l'é-
paule où 2 tendons l'at-
tachent. Son antagoniste
le triceps, a trois ten-
dons. Les nombreux muscles
des phalanges , des pha-
langines et phalangettes,
qui les étendent ou les
fléchissent en même temps,

possèdent 5 tendons. Le vulgaire nomme "nerfs" les tendons qui affleurent comme ceux des mains et du cou. Quand au " nerf de boeuf " qui soutient la tête des grands herbivores, ce n'est pas un tendon, mais un ligament jaune, très élastique. Parfois, plusieurs muscles sont associés, groupés; le mollet est formé de 6 muscles, la langue est très compliquée. Rappelons le diaphragme et le coeur.

Les muscles striés obéissent à la volonté. Le cerveau commande le mouvement et le nerf transmet l'ordre; or, les nerfs se ramifient à l'infini au sein des muscles, en filaments qui terminent de petites plaques et, sous leur excitation les muscles se contractent.

Le raccourcissement est de I/3 environ. Il peut s'accomplir encore, sous l'influence de l'électricité, de la chaleur, d'un acide, etc ... Quand un muscle menace d'être paralysé, on le fait travailler avec des appareils électriques. Un muscle contracté est plus gros, plus dur, plus chaud et plus foncé. Car il reçoit davantage de sang oxygéné; les combustions redoublent, l'oxygène se transforme en gaz carbonique qui noircit le sang, la chaleur augmente et c'est une partie de cette chaleur qui se transforme en force, en travail. Les muscles des ouvriers sont plus robustes et plus foncés; la chair du gibier est plus dure et presque noire.

La viande est formée, en moyenne, de 74 % d'eau, 4 de graisse et de sels, 6 de gélatine et 16 de diverses albumines, toutes nutritives, mais à des degrés divers. Elle doit son parfum au principe nommé osmazône. C'est l'aliment le plus nourrissant: le chair entretient la chair. Le muscle le plus connu, c'est la côtelette, ou muscle élévateur des côtes du mouton. La viande des animaux adultes, boeuf, mouton, est plus foncée et plus nourrissante, elle est nécessaire aux travailleurs. La chair blanche, gélatineuse des jeunes êtres, veau, agneau, du poulet et du poisson, convient aux hommes d'étude. En général, la viande des animaux domestiques est blanche (porc, lapin, pintade) et moins parfumée que la chair presque noire du gibier: sanglier, lièvre, bécasse.

$X^è$ L E C O N

Le système nerveux.

I - Introduction - La sensibilité, le jugement; la volonté caractérisent l'animal: ces fonctions résident dans la matière nerveuse. L'ensemble du système est nommé cérébro-spinal, ou encéphalo-rachidien parce qu'il se subdivise ainsi:
1° la cervelle ou encéphale que le crâne abrite;
2° le rachis ou moëlle épinière que protège la colonne vertébrale;
3° les nerfs qui, émanés de ces deux centres nerveux, la cervelle et le rachis, se ramifient partout, afin de porter dans l'organisme la sensibilité et le mouvement. La substance nerveuse, en général comestible, est formée de 7 % d'albumines, de graisses phosphorées et de sels, 88 d'eau. Elle se présente sous deux aspects: la matière grise, essentiellement active, est formée de cellules; elle domine à l'extérieur de la cervelle. La matière blanche, simplement conductrice, est formée de tubes ou filets nerveux, elle domine dans les nerfs qui se bornent à transmettre comme des fils télégraphiques. Ils transmettent au cerveau les impressions de la sensibilité, et aux muscles les ordres de mouvement émanés du cerveau. Le rachis gouverne certains mouvements involontaires par son centre"gris" et il sert de trait-d'union entre la cervelle et les nerfs par 6 cordons blancs externes, et par l'ensemble de sa constitution.

II - **Cervelle** ou __encéphale__ - (képhalé, tête). On y distingue 5 régions
fondamentales:

I° Le cerveau;

2° Le cervelet;

3° Les 2 lobes olfactifs de l'odorat, petites massues qui terminent, en avant
du cerveau, les 2 nerfs de l'odorat; c'est là que l'on apprécie les odeurs;

4° Les 4 lobes optiques de la vue reçoivent incomplètement les 2 nerfs optiques après leur croisement incomplet; ils jouent un rôle important dans la percep-
tion de la vue. Quand ils sont blessés l'être est aveugle;

5° Le bulbe rachidien sert de trait-d'union entre le cerveau et le rachis,
et il gouverne seul d'utiles mouvements involontaires, instinctifs. Ces régions
si dissemblables chez nous, tendent vers une sorte d'égalité qu'elles atteignent
chez les poissons. A mesure que le cerveau diminue, par une véritable compensation
les lobes de l'odorat et de la vue augmentent.

L'Encéphale est protégé par le crâne et par 3 membranes ou méninges:

I° la dure-mère, externe, soudée au crâne, elle loge des sinus veineux. Elle
envoie 2 prolongements, l'un vertical, la faux du cerveau sépare les deux moitiés
du cerveau ou hémisphères cérébraux, l'autre horizontal, la tente du cervelet,
sépare le cerveau du cervelet;

2° l'arachnoïde, fine séreuse à double feuillet, sécrète une sérosité qui
protège la cervelle contre les chocs;

5° la pie-mère est une muqueuse qui tapisse fidèlement les circonvolutions
de la cervelle. Molle dans la tête, elle devient dure autour du rachis et des nerfs
où elle se continue. Le rachis est protégé, lui aussi, par les 2 premières méninges, et le liquide de l'arachnoïde. La méningite résulte de l'inflammation des 2
membranes molles.

III - **Cerveau** - C'est le siège de la sensibilité, du jugement de la
volonté, bref de __l'intelligence__. C'est en lui que naissent les idées, soit spon-
tanées, soit provoquées par une influence sensible. Lorsqu'on souffre au doigt,
c'est le cerveau qui souffre dans une région déterminée; le nerf a transmis la
douleur. Qu'on engourdisse le doigt en le liant fortement, ou que l'on coupe le
nerf, et l'insensibilité sera complète. on pourra mutiler le doigt sans éprouver
de douleur. Ce n'est donc pas le corps qui souffre, c'est le cerveau. C'est lui
aussi qui gouverne les mouvements volontaires; son ordre est transmis par le nerf,
et les muscles du doigt exécutent le mouvement commandé.

Notre cerveau pèse. I k 3; il est partagé en 2 hémisphères que sépare la
faulx, et que réunit une lame blanche nerveuse, le corps calleux. Les 2 matières
nerveuses, la grise externe, et la blanche interne, forment mille circonvolutions
qui dénotent la supériorité. Deux sillons un peu plus accentués les subdivisent
en 3 régions ou lobes:

I° le lobe frontal qui paraît présider à la mémoire et au jugement; le front
est plus développé dans les races civilisées;

2° le lobe pariétal, qui préside aux mouvements;

3° le lobe occipital, plus petit contribue à diriger la vie de nutrition,
avec le concours du rachis et du grand sympathique. Certaines bosses du crâne
révèlent la prédominance de certaines circonvolutions, elles peuvent indiquer
certaines prédispositions, certaines tendances. Gall a basé là-dessus sa théorie
de Phrénologie: elle expose à trop d'erreurs pour s'y arrêter. Mais si l'on ne
peut pas localiser les tendances de l'âme, on localise de mieux en mieux dans
l'encéphale les fonctions corporelles. Bien plus, Broca a montré que lorsque la
circonvolution frontale à gauche est comprimée ou blessée, on perd momentanément
la mémoire des mots les plus usuels.

En descendant la série des Vertébrés, nous voyons des cerveaux de plus en plus petits et lisses, réduits à 2 lobes, ou un seul, sans circonvolutions; l'intelligence diminue, l'instinct persiste. Détail curieux, le siège de la sensibilité est insensible: si l'on blesse directement le cerveau, l'animal ne souffre pas. Il faut donc que l'impression soit transmise par un nerf. Quand on enlève le cerveau d'un mammifère, l'animal meurt. Un oiseau peut continuer de vivre: ce n'est plus qu'un automate, un mécanisme; on lui a enlevé le jugement, la volonté, l'initiative. Il se laisse mourir de faim à côté des aliments dont la vue ne lui rappelle rien. Si on les lui introduit dans la bouche, il les accepte, les mange et les digère. Il se tient immobile, mais si on le pousse, il marche, il vole. Il voit, mais ne regarde pas; il entend sans écouter. Avec le cerveau, il a perdu l'intelligence.

IV - Cervelet - Flourens a démontré que le cervelet réglant l'harmonie des mouvements, leur donne une coordination indispensable, car le moindre geste nécessite le concours harmonieux d'un grand nombre de muscles. Quand il blessait le cervelet d'un animal, le pauvre être exécutait des mouvements fous, désordonnés, les pattes l'entraînant dans un sens, les ailes en sens opposé, enfin il tournoyait et tombait. Placé sous le cerveau, et en arrière, le Cervelet en est séparé par un repli de la dure-mère dit tente du cervelet. Son poids est de dixième de celui du cerveau, 140 grammes. Sa forme est celle d'un cœur échancré les 2 ailes se courbent en gouttière pour recevoir le bulbe rachidien et, pardessus lui, elles se raccordent au moyen d'un anneau blanc nommé Pont de varole. L'extérieur est matière grise, à stries concentriques; l'intérieur est de matière blanche, disposé en élégante frondaison comparée à une feuille de fougère, arbre de vie.

V - <u>Bulbe rachidien, ou Moëlle prolongée</u> - C'est le commencement du rachis, le trait-d'union entre la cervelle et la moëlle épinière. La matière blanche est à l'extérieur; la grise est interne.

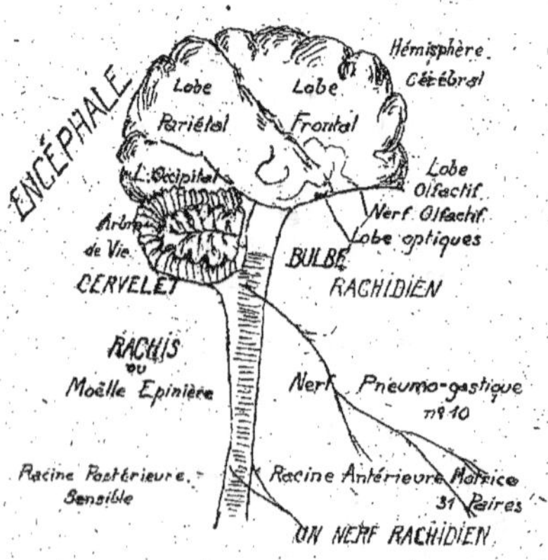

Ce qui augmente l'importance de ce trait d'union, c'est qu'il donne naissance aux 10 paires de nerfs de la tête qui viennent après les deux nerfs olfactif et optique. Par la 9e paire le Bulbe gouverne la déglutition ou acte d'avaler, par la 11e, l'émission de la voix, et par la 10e la respiration. Ce 10e nerf, le pneumo-gastrique, se ramifie très bas aux poumons, au cœur et à l'estomac, dont il règle les principaux mouvements. On nomme point vital le lieu d'insertion de cette 10 paire sur le bulbe; une piqûre à cet endroit foudroie l'animal qui tombe asphyxié. C'est la place que frappe l'épée du matador et les instruments qui abrègent l'agonie du bétail. Le bulbe est sillonné par le 4e ventricule qui fait suite à 3 cavités logées plus haut dans le cerveau; si l'on pique le plan(Her de ce ventricule on détermine, suivant la place, un excès de salivation ou des troubles dans la fonction des reins. Par sa richesse en matière grise interne, le Bulbe commande, sans le concours du cerveau, beaucoup de mouvements involontaires, instinctifs, préservateurs: la toux, l'éternûment, un rapide abaissement des paupières, la sécrétion des larmes, etc.

Les 2 premiers nerfs, qui sont indépendants du bulbe, et le 8è sont des nerfs de sensation spéciale ne servant qu'à la sensation indiquée par leur nom: olfactif, optique, acoustique; ainsi le 3è ne sert qu'à transmettre les sons; si l'oreille est endolorie ce n'est pas lui qui transmet la douleur au cerveau.

XIè LEÇON

Système nerveux (Suite)

VI - <u>Rachis ou moelle épinière</u> - C'est le cordon nerveux logé dans la colonne vertébrale, dans le fourreau rachidien. Il relie la cervelle aux nerfs du corps, car il fait suite au bulbe, et il donne naissance aux 31 paires de nerfs rachidiens. Riche en matière grise interne, il commande seul de nombreux mouvements habituels, "appris", instinctifs: par exemple la marche et mille exercices que notre corps exécute machinalement. Le rachis s'étend du bulbe à la 2e vertèbre des reins; là il se subdivise en filets nombreux: queue de cheval. Il se renfle deux fois, à la hauteur des épaules et dans l'abdomen, là où les nerfs s'enchevêtrent en plexus, d'ailleurs sans que la moindre confusion en résulte, pour aller innerver les bras et les jambes. Deux sillons profonds divisent le rachis en deux moitiés, et chacune est partagée par 2 sillons latéraux en 3 cordons, ce qui fait un total de 6 cordons blancs, externes. Au centre la matière grise domine; elle envoie 4 cornes grises aux 4 sillons latéraux, et ces cornes servent à l'insertion des 2 racines de chaque nerf. Les cornes antérieures, servant à transmettre les ordres de mouvements, se continuent dans les racines motrices du nerf: les cornes postérieures servant à transmettre les impressions de sensibilité, se continuent dans les racines sensibles du nerf. En résumé, par son centre gris et son pourtour blanc, toute la région antérieure du rachis est motrice, et toute la région postérieure est sensible. Détail curieux : les 2 cordons blancs postérieurs transmettent spécialement les impressions du contact, du toucher: quand on coupe tout le reste, l'animal est paralysé, insensible, il ne ressent plus de douleur, mais il indique qu'il sent qu'on le touche.

En pénétrant dans le bulbe, les 6 cordons blancs se croisent, 2 à 2, avant d'arriver au cerveau: les 3 de droite pénètrent dans l'hémisphère gauche les 3 de gauche se distribuent dans l'hémisphère droit. Il en résulte que chaque moitié du cerveau gouverne l'autre moitié du corps. Si l'hémisphère droit, est blessé, c'est la moitié gauche du corps qui est paralysée. Si le sang et la lymphe dépriment l'hémisphère gauche, cette demi-apoplexie paralyse la moitié droite de l'organisme (sauf la tête).

VII - <u>Nerfs rachidiens</u> - Les 31 paires de ces nerfs destinés à porter dans tout le corps la sensibilité et le mouvement naissent très régulièrement sur le rachis par deux racines, et sortent de la colonne vertébrale par des échancrures nommées trous de conjugaison. Uniquement formé de matière blanche, le Nerf est un simple conducteur qui se borne à transmettre. C'est une association de tubes nerveux, dans une gaîne protectrice qui représente la pie-mère durcie : on la compare aux câbles télégraphiques, association de fils conducteurs. Chaque nerf rachidien à 2 racines, reliées aux cornes grises de la moelle épinière.

Dire que la racine antérieure est motrice c'est dire qu'elle transmet aux muscles les ordres de mouvement émanés de l'encéphale ou du rachis: son rôle est centrifuge. Dire que la racine postérieure est sensible, c'est dire qu'elle transmet au rachis et au cerveau les impressions sensibles de contact, de douleur, de chaleur; son rôle est centripète. A Magendie revient l'honneur de cette découverte. Quand il coupait la racine antérieure d'un nerf il paralysait la région où se nerf se distribuait, mais elle demeurait sensible: l'animal blessé ne pouvait plus remuer telle patte, mais il manifestait sa douleur lorsqu'on la piquait.Quand Magendie coupait la racine postérieure d'un nerf, il insensibilisait la région correspondante, mais elle n'était pas paralysée: l'animal blessé pouvait remuer telle patte, mais il ne manifestait aucune douleur lorsqu'on la piquait.

Ainsi les nerfs rachidiens sont mixtes, ils ont un double rôle: ils renferment des filets moteurs et des filets sensibles qu'ils distribuent le long de leur trajet. Les premiers se terminent dans les muscles par des plaques granuleuses, et les seconds se terminent en pelotons nerveux logés dans des papilles. On aime à comparer la vibration nerveuse au fluide électrique, bien que la première ne parcours qu'une trentaine de mètres à la seconde, et l'électricité des milliers de lieues. On combat les névralgies et les paralysies avec les secousses prudentes d'appareils électriques. Tous les êtres produisent un peu d'électricité: en superposant des troncs de grenouilles on forme une pile électrique. Quelques poissons ont un appareil spécial pour engourdir leurs victimes et combattre leurs ennemis: torpille, gymnote.

NOTE : Un nerf blessé en son milieu fait rapporter la douleur à son extrémité ainsi: le nerf cubital heurté au coude fait souffrir le petit doigt; et l'amputé se plaint, quand le temps change, de sa jambe coupée.

VIII- Grand sympathique -Ce 2è système nerveux commande la vie de nutrition avec le concours du premier, auquel il se raccorde par de nombreux traits d'union. Il gouverne avec calme, avec harmonie les muscles lisses des viscères et les glandes. Il règne seul pendant le sommeil. Sa région fondamentale, le nerf sympathique, est une double chaîne de 28 paires de ganglions, épanouie devant la colonne vertébrale. Les petites masses nerveuses émettent des nerfs qui, parfois, s'enchevêtrent sur les viscères en plexus, avec des ganglions spéciaux. Le principal, le plexus solaire, situé près du foie, est renforcé par le volumineux ganglion semi-lunaire. Chaque ganglion est une sorte de petit cervelet directeur qui gouverne, dans sa zone restreinte, les phénomènes de la vie végétative. Le grand sympathique régularise la chaleur vitale en réglant les circulations capillaires; les filets nerveux vasomoteurs accélèrent ou modèrent l'afflux du sang, en gouvernant le calibre des artérioles et des veinules: (Claude Bernard).

IX - Série animale - Les Vertébrés ont ces deux systèmes nerveux semblables aux nôtres. Les 5 régions de l'encéphale tendent vers une sorte d'égalité qui est réalisée chez les poissons. Ainsi le cerveau diminue en perdant ses circonvolutions, tandis que par compensation, les lobes de l'odorat et de la vue augmentent et deviennent égaux aux hémisphères. Si l'intelligence diminue, au moins persiste avec l'instinct, une certaine qualité des sens. Les lobes olfactifs deviennent de plus en plus saillants, renflés aux massues creuses. Les lobes optiques, quadrijumeaux chez les mammifères, se réduisent à 2, et sont dits jumeaux à partir des oiseaux.

L'importance du système nerveux fait de sa disposition le caractère fondamentale de la classification. Il reproduit la symétrie du corps, paire chez les annelés et les mollusques , rayonnée chez les échinodermes et quelques polypes. Deux exemples : Tandis que le système est dorsal chez les Vertébrés, il est ventral

chez les Annelés. Les insectes ont, le long du ventre, une chaine double de ganglions, 2 par anneau: leur cerveau est représenté par les 2 ganglions de la tête
les seuls qui soient au-dessus du tube digestif. Ils se rattachent par des arcs
nerveux aux 2 premiers ganglions de la Chaine ventrale, et ce cadre nerveux qui
entoure l'oesophage, et que l'on compare à un encéphale, constitue le collier
oesophagien. L'Etoile de Mer, type des échinodermes, possède 5 branches terminées
par les yeux: le tube digestif n'a qu'une ouverture, en-dessous; cette bouche est
entourée par un collier oesophagien formé de 5 ganglions, et chacun d'eux envoie
des filets nerveux dans la branche qu'il gouverne plus spécialement. -

---

XIIᵉ LECON

La peau et le toucher

I - **Épiderme** - La peau est la membrane protectrice et sensible qui re-
vêt notre corps; sensible par sa richesse en papilles nerveuses, protectrice par
elle-même et par ses dépendances: les cheveux, les sourcils, les cheveux; les ongles. On doit dire aussi que la peau respire, tant elle renferme de capillaires
dont le sang se purifie directement. Enfin, elle est criblée de glandes purifica-
trices qui augmentent sa souplesse ou qui produisent la sueur. On distingue dans
la peau 2 régions principales: l'épiderme et le derme.

L'épiderme est est un vernis insensible qui nous empêche d'absorber des
miasmes ou des poisons et qui nous garantit contre un excès de sensibilité. Sa
surface cornée, morte, se renouvelle avec rapidité: après certaines maladies, on
fait vite "peau neuve" Sa région profonde, vivante se termine par une zone foncée,
ondulée, intermédiaire entre l'épiderme et le derme.

II - **Derme** - C'est la peau proprement dite, le cuir des animaux, riche
en fibres élastiques et remplie de petits organes utiles.

La première zone, ondulée, foncée, est nommée pigmentaire parceque ses
grosses cellules renferment une granulation foncée: le Pigment ; qui colore les
dépendances de la peau et, dans certaines races humaines, la peau elle-même. La
région inférieure de cette zone ondulée est dite papillaire, parce qu'elle doit
ses ondulations à la présence des papilles sous-jacentes, les unes nerveuses,
les autres sanguines. Les papilles nerveuses sont des cavités qui logent les pelotonnements terminaux des nerfs sensibles. Les papilles sanguines logent des boucles que forment les capillaires. La richesse de la peau en réseaux capillaires
et lymphatiques est extraordinaire. Une piqûre d'aiguille déchire une vingtaine
de ces tubes. Ainsi s'explique l'action rapide des remèdes ou des poisons injec-
tés sous l'épiderme. La peau respire : le sang des capillaires absorbe l'oxygène
et rejette un peu de gaz carbonique avec énormément de vapeur d'eau. Cette perspi-
ration, nous devons la favoriser par la propreté et en bannissant les vêtements
imperméables. Un gilet de caoutchouc nous tiendrait bien chaud, mais nous rendrait
promptement malade. Certains peuples du Nord enduisent leur peau avec des corps
gras: ils sont sujet à de graves inflammations.

Les dépendances protectrices de la peau, cheveux, poils, plumes, etc.
de nature épidermique, sont formées et entretenues par des bulbes, logés au
fond des dépressions du derme. Vivantes dans la peau, elles sont cornées et mortes
à quelque distance. Leur base est incolore jusqu'à la couche pigmentaire: c'est
la plus ou moins grande abondance de pigments qui fait qu'un cheveux est blond,

châtain ou noir. Dans ces rentrées du derme et sur la peau débouchent de petites glandes grasses dont la sécrétion, pommade naturelle, rend les cheveux luisants et la peau onctueuse: ces glandes sont abondantes chez les nègres. Un petit muscle lisse fait dresser le cheveux. Les ongles naissent dans l'épiderme; leur structure fibreuse démontre que l'ongle est une agglomération de poils . Plumes, cornes, écailles, sont de nature épidermique. La matière est une sorte d'albumine avec du souffre: de là, l'odeur sulfurée que répandent ces substances quand on les brûle. Avec l'âge le pigment diminue, disparaît : cheveux et barbes blanchissent. Pour les rajeunir, on les imprègnent d'un sel d'argent, parce que ce métal s'unit au soufre pour former un sulfure noir.

Le derme renferme, en outre, une multitude de glandes sudoripares qui sécrètent la sueur. Ce sont de petits tubes, d'abord pelotonnés, qui se déroulent en spirale jusqu'à l'épiderme, afin de déverser la sueur par leurs pores ou méats. Ils sont plus nombreux au front; aux mains. C'est l'évaporation de la sueur qui nous rafraîchit le mieux en été; elle a permis de braver une chaleur sèche de 136° Cette sécrètion purifie notre corps, car la sueur renferme, avec beaucoup d'eau 0,005 d'impuretés, et surtout de l'urée, des sels, des acides spéciaux, une huile odorante, de même que la bile elle est à la fois impure et utile.

III. – Autres régions – Au-dessous du derme, le tissu graisseux consiste en grosses cellules qui se remplissent de provisions de graisse, surtout à certaines places (ventre) et chez certains tempéraments. Dans quelques petites races humaines, ces formations sont fort singulières. Les animaux à sang chaud qui ont peu de fourrure et qui vivent dans l'eau, sont protégés contre le froid par une épaisse couche de lard : porc, hippopotame, pingouin. Ne pas confondre ce lard avec la graisse qui tapisse les intestins: saindoux; toilette des bouchers.

La peau se termine par le muscle peaucier qui peut la froncer, la rider plus ou moins. Il n'est guère développer que sur notre front, afin que le froncement des sourcils nous préserve d'un excès de lumière et des gouttes de sueur. Partout ailleurs le muscle ne produit qu'un léger frisson. Une émotion détermine " la chair de poule" et l'horripilation. Les cheveux se hérissent. Le peaucier est développé au dos du chat et au ventre du cheval. Il dresse les dards du porc-épic; il entoure tout le corps du hérisson et du tatou qui se roulent en boule.

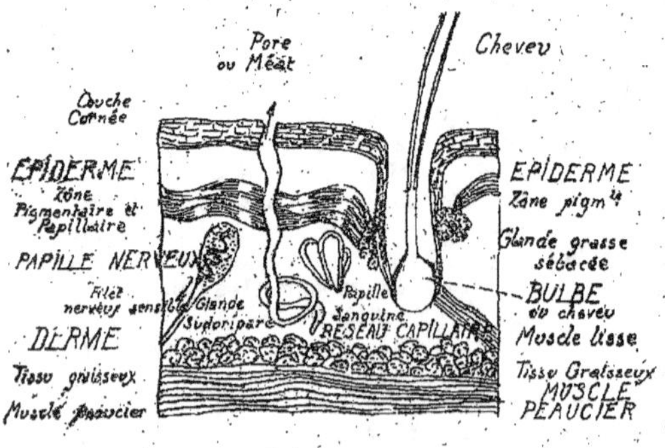

I – Sens du Toucher.

I – Le Toucher est actif, volontaire , tandis que le Tact est passif, involontaire: celui-ci s'exerce avec le corps entier, tandis que le toucher a pour organes certaines régions à la fois très sensibles et très mobiles: la main, les lèvres, la langue, le pied. L'extrémité des doigts convient tout spécialement, criblée de papilles nerveuses, au milieu de pelotes de graisse qui se moulent délicatement sur les objets.

Le toucher nous renseigne sur la forme, la consistance, le poids, la température
des corps. Avec de l'habitude, il arrive à un degré merveilleux d'habileté: pres-
tidigitateur, tailleurs de diamants: ils donnent les nombreuses facettes réglemen-
taires à des diamants si petits qu'il en faut mille pour que l'ensemble ait la
grosseur d'un tête d'épingle. On peut dire que l'aveugle"voit" avec ses doigts.
Les garçons de banque évaluent très exactement le poids d'une poignée de pièces
de monnaie. Notre corps est le plus sensible des thermomètres; il apprécie les
moindres changements de température, mais dans des limites restreintes, de 5° à
50°, car nous sommes bientôt incommodés par le froid ou par la chaleur. Sous ce
rapport la bouche est moins impressionnable que la main. Certaines peuplades
se servent adroitement de leurs pieds, pour ramer, pour grimper. Bien que le gros
orteil ne soit pas un pouce opposable il peut s'écarter beaucoup et, avec de l'habitude, il rend d'assez grands services. C'est aussi le cas de certains manchots
nés sans bras: on cite le peintre Ducornet.

    II - <u>Animaux</u> - Les mieux doués sous le rapport du toucher sont les
préhenseurs qui prennent la nourriture et la portent à leur bouche: écureuil,
perroquet. Les onguiculés ont des ongles plats ou des griffes tranchantes, qui ne
recouvrent que le dessus des phalangettes; le dessous du doigt est donc libre,
de sorte que l'animal peut toucher et saisir assez bien. Chez les ongulés la phalangette est enveloppée complètement par un étui corné: le sabot, de sorte que
le toucher est fort médiocre. Alors l'animal se sert de ses lèvres, cheval, girafe
ou d'une trompe (tapir, éléphant). Le bec des oiseaux est assez sensible. Les reptiles touchent avec leur langue; celle des serpents est inoffensive. Parfois la
langue est gluante, longue, agile pour saisir les petites proies: fourmilier, caméléon. Certains organes du toucher ne servent pas à saisir: les moustaches du
chat ou du phoque, les antennes des insectes et des écrevisses. Chez beaucoup de
mollusques et de rayonnés, des tentacules mous, avec ou sans ventouses, servent
à la fois d'antennes, de palpes, de bras, de pieds et de nageoires : poulpes,
méduses.

XIII^è L E Ç O N

II - Sens du Goût. III - Sens de l'Odorat.

    I - <u>Introduction</u> - Le goût et l'odorat sont deux sens solidaires, qui
s'aident, se complètent; leurs impressions se confondent presque, au palais, pour
les mets parfumés: bouquet des vins, arôme du café. Les deux fonctions sont déna-
turées et entravées par cette inflammation de la muqueuse du nez que l'on nomme
rhume de cerveau ou coryza. Elles exigent toutes deux une dissolution préalable
de parcelles sapides ou odorantes. Les animaux flairent avant de goûter, afin de
se rendre compte de la nature de l'aliment et d'éviter les poisons: ils ont d'ailleurs, au dessus du palais, un organe spécial de Jacobson, qui sert d'intermédiaire entre les deux sens; si le flair est plus développé chez les êtres sauvages
le goût est un sens délicat plus spécial aux civilisés: c'est le seul sens qui ne
s'émousse pas avec les années; au contraire il s'affine.

II - <u>Goût</u> - Il nous fait connaitre la saveur des corps, la qualité des aliments. C'est un auxiliaire de la digestion: il réveille l'appétit, et il nous apprend que celui-ci est satisfait. Quand on a suffisamment mangé, les mets les plus succulents ne nous tentent plus. Le goût évite des empoisonnements, mais pas toujours; la saveur des champignons ne nous apprend pas qu'ils vont nous empoisonner. On dit que l'Indien et l'animal ne s'empoisonnent jamais. Pour qu'un corps ait de la saveur, il faut qu'il se dissolve, au moins un peu dans la salive. Il suffit que la viande renferme quelques principes solubles, surtout l'osmazone et les sels, pour qu'elle ait une saveur très accusée. Un corps insoluble, le verre, le caillou, n'a pas de goût. C'est surtout la salive des deux glandes sous-maxillaires qui sert à cette dissolution: elle jaillit quand un mets excite notre convoitise, comme un beau fruit en été: l'eau vient à la bouche.

On goûte avec la langue et le palais. La Langue, que soutient l'os hyoïde est un ensemble de muscles qui obéit au 12e nerf cranien, l'Hypoglosse (sous la langue), afin de faciliter la mastication, la déglutition et l'articulation de la parole. Pour apprécier les saveurs, la langue reçoit trois autres nerfs qui ne sont pas de sensation spéciale, car ils ont d'autres fonctions :

1° le lingual est une branche de la 5e paire; il se ramifie surtout à la pointe et sur les bords.

2° le Glosso-Pharyngien, 9e paire, se distribue à la base.

3° la corde de tympan.

Ces nerfs se subdivisent en une multitude de filets que terminent 3 sortes de papilles. Les plus petites, en champignon; de très grosses en calice, disposées en V : et de tous côtés, des papilles coniques donnant à la langue son aspect velouté, prolongeant la sensation en retenant les particules sapides: elles se durcissent en râpe chez les félins pour faire saigner les chairs de la proie.

III - <u>Odorat</u> - Ce sens nous fait connaitre les odeurs. Il nous renseigne sur la pureté de l'atmosphère et la qualité des aliments; il évite donc les asphyxies par les gaz odorants (gaz d'éclairage) ainsi que certains empoisonnements. Il procure des plaisirs délicats. Pour qu'une substance exhale de l'odeur il faut qu'elle dégage des parcelles capables de se dissoudre dans l'humidité du nez. On emploie le mot effluves pour l'odeur que dégagent les êtres vivants. Le verre, le caillou, ne dégageant rien n'ont pas d'odeur. Assurément les parcelles que dégagent les corps volatils sont très minimes : un morceau de musc pesé à 20 ans d'intervalle n'avait perdu que quelques millionièmes de son poids. Un fin limier suivra les effluves odorantes du cerf, alors qu'elles datent de la veille, et que la proie espère lui donner le change en croisant d'autres cerfs.

Le nez est formé par les 2 Nasaux et plusieurs os voisins; il est partagé par le vomer en deux moitiés, et chacune est subdivisée par des Cornets osso-fibreux en 3 étages qui communiquent. Il est tapissé par une muqueuse, la pituitaire, munie près des narines, de cils vibratiles qui repoussent les poussières: son humidité, ou mucus est la pituite, à laquelle viennent s'adjoindre les larmes qui coulent de l'oeil au nez, par le canal nasal. Les arrières-narines communiquent avec des cavernosités, ou sinus, creusées dans les os de la mâchoire et du front; chez les animaux dont le flair est excellent, ces sinus sont très larges, les cornets sont contournés en labyrinthe, et le museau est imprégné à l'extérieur d'une humidité caractéristique.

Le nerf olfactif, première paire, de sensation spéciale, ne sert qu'à sentir: il se divise d'abord en une vingtaine de branches qui traversent la lame criblée de l'ethmoïde, puis en une multitude de fins rameaux (que terminent des papilles spéciales) dans la moitié supérieure du nez. Les 2 lobes olfactifs, première région de l'encéphale, apprécient les odeurs : ils deviennent énormes chez les reptiles et les poissons. - La trompe de l'éléphant est le prolongement du nez. On nomme Évent les narines de la baleine. L'odorat est développé chez les abeilles, les fourmis; on croit qu'il a pour organe la base des antennes.

IV - Sens de l'Ouïe

I - Introduction - L'ouïe nous fait connaitre les sons. C'est le sens qui nous met en relation avec nos semblables et qui nous procure de grandes joies artistiques. Les sons ébranlent notre oreille, et le nerf acoustique transmet les vibrations au cerveau qui analyse, qui interprète la sensation. Quand un corps sonore retentit, il vibre; cette trépidation est facile à constater sur corde de violon, une lame métallique, une cloche qui repoussent les corps légers placés auprès d'eux. L'ébranlement produit par une explosion brise les vitres.

Les vibrations sonores sont transmises à nos oreilles par les corps environnants, l'air, le sol, les murs, les parois de l'appartement. La vitesse du son dans l'air est de 340 mètres par seconde. Les liquides transmettent mieux et plus vite que l'air; les solides valent encore mieux; on entend à merveille au bord d'un lac; et si l'on place l'oreille contre le sol, on perçoit des bruits lointains. Or, nous trouverons dans l'oreille ces trois sortes de milieux: air humide, liquide, petits cristaux et autres solides. Bref, il faut un intermédiaire entre le corps qui retentit et notre oreille; s'il n'y en a aucun, les vibrations ne sont pas transmises: on n'entend pas dans le vide. On place une clochette dans un ballon de verre à robinet, et l'on aspire l'air du ballon avec la machine pneumatique qui raréfie les gaz et fait presque le vide. C'est en vain que l'on secoue le ballon; on n'entend plus la sonnette. Alors on tourne le robinet: l'air rentre peu à peu en sifflant, et l'on entend de mieux en mieux le bruit de la clochette si l'on continue de agiter le ballon.

II.- Oreille externe.- L'organe de l'ouïe est abrité dans le rocher, région la plus dure de l'os temporal. On y distingue trois parties: L'oreille externe commence par une expansion cartilagineuse, le pavillon, et un entonnoir compliqué, la conque, qui servent tous deux à concentrer les ondes sonores. Celles-ci pénètrent dans le canal auditif et vont ébranler le tympan, membrane tendue obliquement. En cas de demi-surdité, on concentre un plus grand nombre de vibrations avec le cornet acoustique. Profitant de la sonorité des solides, on place des lames, des plaques, des verres, sur le crâne et entre les dents des sourds. Des animaux craintifs ont une large conque mobile: lièvre, âne.

III. Oreille moyenne - On la surnomme tambour et caisse du tympan car c'est une sorte de tambour, tendu à l'intérieur par une chaine de petits os. Quelles sont les membranes? En avant, le tympan; en arrière, sur un promontoir osseux, 2 membranes tapissent 2 dépressions, la fenêtre ovale et la fenêtre ronde. Les vibrations du tympan doivent être transmises aux deux fenêtres qui, à leur tour, les communiqueront au liquide dont sont remplies les profondeurs de l'oreille. Cette transmission s'effectue par deux intermédiaires: I° L'air humide, amené du fond de la gorge, par un long tuyau évasé, la trompe d'Eustache. C'est l'air seul qui agit sur la fenêtre ronde. Son humidité est indispensable. Certaines personnes redoublant d'attention, ouvrent la bouche à demi, afin que les ondes sonores passent par la trompe d'Eustache. La pression de cet air sur le tympan contrebalance la pression extérieure, ce qui empêche cette membrane d'être déchirée, à moins que le bruit soit trop brusque et trop violent (artilleurs de marine).

2°.Une chaîne de 4 osselets s'étend du tympan à la fenêtre ovale; elle comprend le
marteau, l'enclume, le lenticulaire et l'étrier: le premier obéit à trois muscles
l'étrier à un seul. Pour écouter des sons faibles, nous relâchons la chaîne et,
pour éviter des éclats discordants, nous la tendons de manière que l'étrier enfonce davantage dans la fenêtre Ovale. Pour renforcer les sons, de larges sinus réson-
nateurs communiquent avec l'oreille moyenne.

IV - Oreille interne - On la surnomme labyrinthe; elle est remplit d'un
liquide dans lequel nagent les ramifications du nerf acoustique. La région osseuse
en protège une autre, membraneuse, qui se moule sur elle à distance; le liquide
renferme de petits cristaux et cellules ciliées. On distingue 3 étages dans ce labyrinthe compliqué; au milieu le vestibule, à la hauteur de la fenêtre ovale. Au-
dessus les 3 canaux en demi- cercle, l'un horizontal, 2 verticaux, avec 5 bases
renflées en ampoules. Sous le vestibule le limaçon fait deux tours et demi; il est
divisé par une lame spiralée en deux rampes, dont l'une aboutit au vestibule , et
l'autre à la fenêtre ronde. Il en résulte qu'un brusque ébranlement de la fenêtre
ovale est communiqué de dedans en dehors à la fenêtre ronde par le liquide du limaçon, déterminant une compensation nécessaire. La lame spiralée ressemble à un
(vaste clavier d'orgue avec ses fibres et ses arcs décroissants Appareil de Corti)
clavier de 3.000 touches dont chacune vibrerait à l'unisson d'une note déterminée.
Le limaçon paraît donc destiné à apprécier ce qui est d'essence musicale, surtout
le timbre: les canaux semi-circulaires indiquent d'où viennent les sons.
C'est le nerf acoustique, ou auditif, 8ème paire, de sensation spéciale,
qui transmet au cerveau les vibrations sonores, et il n'a pas d'autre fonction .
Il pénètre dans le limaçon, se partage en deux branches, et l'une d'elles se ramifie dans le vestibule et les canaux. Les filets nerveux qui nagent dans le liquide
se renflent en corpuscules ou papilles, lesquels se mettent en relation avec les
cristaux, les cellules ciliées et la lame spiralée, substances solides qui renfor-
cent la vibration du liquide.

NOTES - La taupe, le phoque
n'ont pas de conque. De même pour les
oiseaux; leur tympan affleure; ils n'ont
que l'étrier. Chez les serpents, la
caisse du tympan fait défaut , et le
limaçon est rudimentaire. Les poissons
n'ont que les canaux en demi-cercle
et le "Vestibule renfermant un seul gros
cristal, la "pierre auditive". Quelques
crustacés, le palémon, le mysis, ont,
à l'extérieur, des "poils auditifs".
Beaucoup d'Invertébrés ont, pour oreilles, des petits sacs garnis de cils vibrants, avec un liquide qui contient
quelques pierres auditives, petits cristaux en bâtonnets.

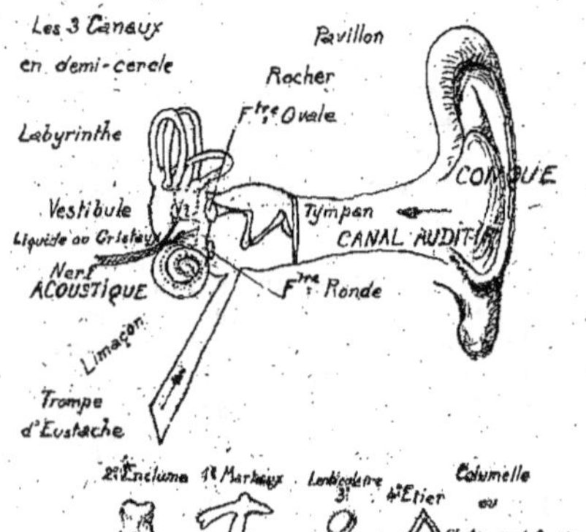

XIV ème L E C O N
____

V - Sens de la Vue.

I - Introduction -

C'est le plus précieux des sens, celui qui nous permet de voir nos amis
de contempler la nature, d'admirer les chefs-d'oeuvre de l'art.La vue nous renseigne sur la forme; la position, la distance , la couleur des objets. Son organe
est l'oeil, abrité dans l'orbite, protégé par les paupières, les cils, les sourcils humecté par les larmes. C'est un bulbe sphérique de 25 m/m , plein d'humeurs
transparentes, et noirci à l'intérieur par le pigment. On le compare à la chambre
noire du photographe, où les images des corps viennent se peindre réelles, renversées, plus petites que l'objet. L'écran sensible, qui rappelle la plaque impressionnable (argentée) est l'épanouissement du nerf optique, la rétine: la lentille
qui concentre la lumière, est le cristallin et même l'oeil entier. L'écran modérateur ou diaphragme, c'est l'iris coloré, percé d'une ouverture variable, la pupille.

Plusieurs os contribuent, avec le frontal, à former l'orbite: le lacrymal, le sphénoïde, etc. Les cils et les sourcils protègent l'oeil contre les poussières, la sueur, une lumière trop vive comme les rayons du soleil de midi. Les
africains bleuissent leurs paupières. Les glandes lacrymales sont placées au-dessus des yeux, un peu en dehors, elles sécrètent les larmes très salées qui humec-
tent l'oeil pour empêcher l'évaporation de ses humeurs. Le liquide est déversé
par plusieurs canaux: il roule sur l'oeil, glisse vers la caroncule, petit amas
gosé placé dans l'angle interne, traverse les deux pores lacrymaux, les 2 conduits
le sac lacrymal, le canal nasal, et va s'ajouter à la pituite pour entretenir
l'humidité du nez. Une émotion vive active la sécrétion des larmes: ce sont les
pleurs de douleur ou de joie.

Six muscles moteurs font rouler l'oeil sur des coussinets graisseux:
ils sont antagonistes 2 à 2: ainsi le grand Oblique, qui abaisse l'oeil en dehors,
a pour opposé le petit Oblique,

qui élève l'oeil en dedans. Ces muscles obéissent à 5 nerfs: ainsi
le grand oblique obéit au nerf pathétique, 4e paire. Leur rôle constant est d'as-
socier les deux yeux pour qu'ils regardent ensemble, vision binoculaire qui nous
donne idée du relief des corps et de leur distance.

II - Les 3 Membranes -

L'oeil est formé à l'extérieur, par une membrane blanche, dure, élastique, la cornée opaque ou sclérotique (1) que l'on surnomme le"blanc de l'oeil".
Elle est percée, en avant, d'une ouverture où s'enchasse, bombée comme un verre
de montre, la cornée transparente (2) que traverse la lumière. Le devant de l'oeil
est tapissé par un tissu très fin qui se replie à l'intérieur des paupières, la
Conjonctive (3). Tout l'intérieur de l'oeil est nourri, entretenu, par la choroïde
(4) de couleur rouge, riche en vaisseaux sanguins. Pour éviter les reverbérations
lumineuses, les réflexions multiples que produirait cette nuance rouge, et qui
rendraient la vue confuse, la Choroïde est tapissée d'une épaisse couche de pigment noir. 5° L'iris coloré est un muscle lisse, formé de 2 sortes de fibres,
qui se dresse verticalement: c'est un diaphragme modérateur, un écran percé d'un
trou variable, la pupille ou prunelle. Cette ouverture nous semble noire parce
qu'elle nous permet de voir le pigment du fond de l'oeil. Son rôle est de livrer
passage aux rayons lumineux émués des objets que nous contemplons.

Pour qu'elle s'agrandisse dans l'obscurité, l'iris possède des fibres lisses rayonnantes, et pour qu'elle se rétrécisse en pleine lumière, ce muscle contracte ses fibres circulaires: changements très faciles à observer sur l'œil du chat.

6° **La rétine**, ou écran sensible, est l'épanouissement du nerf optique, une mosaïque de 2 sortes de papilles, les bâtonnets et les cônes. Sa surface est de 15 centimètres carrés, mais pour voir nettement un objet, il faut que son image se peigne sur une tache jaune, de 1 millimètre carré, logée dans une dépression, un peu au-dessous du point où débouche le nerf optique. Donc par une belle nuit étoilée une partie des mondes vient se peindre sur un millimètre carré de notre œil. Le point où débouche le nerf optique est insensible, aveugle: punctum coecum. Mariotte l'a démontré par sa petite expérience des 2 cercles blancs sur fond noir.

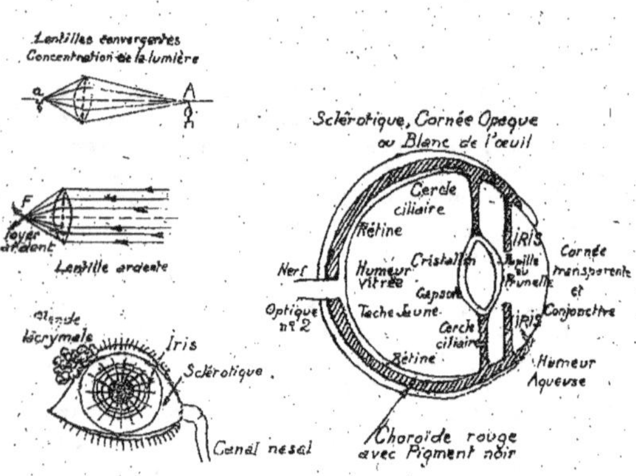

III - Les 3 liquides. -

L'œil est rempli de trois humeurs, plus ou moins albumineuses, aussi transparentes que l'eau pure, destinées à concentrer sur la rétine les rayons lumineux émanés des corps que nous observons.

1° Le cristallin est une lentille convexe, un peu plus bombée à l'avant dont la courbure varie, pour adapter l'œil aux distances, afin de voir aussi bien de près que de loin. Le cristallin est soutenu, derrière l'iris, par le cercle cilié, anneau qui obéit au muscle cilié. Cette lentille est formée par des milliers de couches concentriques, de plus en plus denses vers le centre, et l'ensemble est contenu dans une Capsule qui contribue à l'entretenir en bon état. Admirable complication, qui permet de voir nettement, sans auréoles irisées, et d'accommoder la vue aux distances.

2° Devant le cristallin, l'humeur aqueuse s'étend jusqu'à la cornée transparente et, derrière lui, l'humeur vitrée (3) gélatineuse, occupe le fond de l'œil, les 4/5 environ, formée et entretenue par sa capsule enveloppante, dite hyaloïde (n°7).

Grâce à ces trois liquides, l'œil se comporte comme une lentille: d'ailleurs il en contient une. Il rassemble, il réunit les rayons divergents, émis par les objets, et qui ont traversé la pupille, et il les concentre sur la rétine, de manière à former leurs images réelles, petites, renversées. On le constate en éclairant, dans une chambre obscure, l'œil d'un gros animal. La vibration lumineuse est transformée par la rétine, en vibration nerveuse; celle-ci est transmise aux profondeurs du cerveau, chargé de les interpréter, par les 2 nerfs optiques (2° paire de sensation spéciale) et les 4 lobes quadrijumeaux).

Dans la chambre obscure on obtiendrai sur le mur, avec une lentille de verre, l'image renversée de la bougie. La lentille concentre les rayons du soleil en un foyer ardent.

-41-

<u>Exercice</u> - Dessiner, en grand, l'oreille et l'oeil, dans une disposition inverse de celle des Figures II et I2.

<u>V - Erreurs - Infirmités -</u>

La vue nous induit quelques fois en erreur, parce qu'elle nous rend de continuels services: à nous de rectifier par les autres sens et par le jugement. Ainsi comme l'impression lumineuse persiste sur la rétine pendant I/IO de seconde, nous croyons voir un cercle de feu lorsqu'on fait tourner un charbon allumé. Avec le disque de Newton on constate que la superposition des 7 couleurs fondamentales reforme le blanc. On place dans un cylindre tournant une douzaine de dessins représentant I2 des attitudes successives d'un mouvement complet : enfant qui saute à la corde; cavalier qui franchit une haie, et l'oeil croit voir s'accomplir le mouvement: phénakisticope de Foucault. Des raies horizontales tracées sur un mur ou sur un vêtement le font paraître plus grand, et des raies verticales l'élargissent. Emportés dans un wagon, fixez une habitation: tout ce qui vous en sépare semblera rétrograder, et tout ce qui est au-delà semblera vous suivre. Les objets clairs se détachant sur un fond sombre, paraissent plus grands: un cercle blanc sur fond noir paraît plus gros qu'un égal cercle noir sur fond blanc. Les fatigues de la rétine déterminent des miroitements, des lueurs, des éblouissements. Un choc produit le même effet : un coup sur l'oeil fait voir "mille lumières". Car l'ébranlement du nerf optique, quelle qu'en soit la cause se traduit toujours par une impression lumineuse: tout comme un coup sur l'oreille produit des bourdonnements. L'électricité permet de raffermir la vigueur d'une vue qui s'affaiblissait.

L'oeil du myope est trop bombé, trop riche en humeur aqueuse. Les images tendent à se former en avant de la rétine. C'est pourquoi le myope ne voit bien que de près; il approche le livre de ses yeux; il agrandit sa pupille par de fréquents clignements. Il emploie le lorgnon concave.

Le vieillard au contraire, n'a plus assez d'humeur aqueuse: l'oeil n'est plus assez bombé. Les images tendent à se faire au-delà de la rétine; le vieillard voit mieux de loin; il éloigne le journal de ses yeux. Il emploie des lunettes convexes.

On nomme presbytisme le refus de l'oeil, et surtout du cristallin, à s'adapter aux distances; cette infirmité accompagne souvent la précédente.

L'albinos n'a pas de pigment, ni dans l'oeil, ni dans la peau. On le reconnaît à sa chevelure blanche et à sa prunelle rouge. Les reverbérations de la lumière à l'intérieur de l'oeil, l'empêchent de bien voir en plein jour; il voit mieux au crépuscule. Quelques animaux blancs sont albinos: souris, lapin.

Le daltonien ne distingue que certaines couleurs parmi les 7 fondamentales; c'est ainsi que l'illustre Dalton confondait le rouge avec le vert. Auprès d'un cerisier, il ne différenciait les fruits d'avec les feuilles que par la forme. Pour éviter de graves accidents, on fait subir un examen aux mécaniciens des chemins de fer et de la marine; on s'assure qu'ils ne se tromperont pas sur la couleur des disques, des signaux.

Parmi les cas de cécité:

I° La goutte sereine, est la paralysie de la rétine ou du nerf optique.

2° La taie, consiste en taches opaques sur la cornée transparente.

3° La cataracte, provient de l'opacité du cristallin; elle donne lieu à une opération magnifique qui réussit souvent. On agrandit la pupille avec la belladone, et l'on détruit (avec une aiguille), la région opaque, en respectant le plus possible la capsule du cristallin; elle reforme, parfois, les zones de la lentille, tout comme le périoste régénère l'os. Un jeune Anglais, aveugle de naissance que Cheselden opéra de la cataracte, intéressa beaucoup les savants de l'époque; il vit de suite les objets droits, mais ils lui parurent, pendant longtemps, très

-gros et très rapprochés.

Expliquer : Oculaire, Opticien, Oculiste, Ophthalmie, conjonctivit, etc.

VI - <u>Animaux</u> -

La vue est le sens aussi répandu que le toucher : tous les animaux possèdent au moins, la notion de lumière et d'obscurité, même ceux qui, pour fuir leurs ennemis, se sont accoutumés aux ténèbres des cavernes ou du fond des mers; peu à peu leurs yeux ont été recouverts par la peau, et quelques uns ont perdu complètement cet organe. Chez les oiseaux la vue est le sens dominant: un faucon qui plane à 1000 mètres aperçoit dans un sillon, la petite proie sur laquelle il se laisse tomber comme la foudre. L'oeil est nettoyé par le frottement fréquent d'une troisième paupière, la clignotante et, comme il est très écarté de l'autre, sa vision est facilitée par une dépendance de la choroïde, le peigne. L'insecte a de petits yeux ordinaires, les ocelles, et deux gros yeux composés, formés chacun par la juxtaposition de milliers d'yeux élémentaires, de sorte que les facettes de la surface forment une mosaïque. Chez les êtres inférieurs, les yeux consistent en points pigmentaires, verts chez l'huître, rouges chez l'étoile de mer, en relation avec les filets nerveux qui représentent les nerfs optiques.

Nous terminons ici, la première partie du Cours, intitulée:
Etude de la vie, physiologie de l'Homme et des animaux.
Nous passons à la deuxième partie:
Etude de la classification : les races humaines et les principaux groupes zoologiques.

XV^è L E Ç O N

La classification naturelle.

C'est notre illustre Cuvier qui a précisé les règles de cette classification: on la nomme Naturelle parce qu'elle rapproche les êtres qui se ressemblent et qu'elle éloigne les uns des autres ceux qui diffèrent.

Il l'a basée sur le plus grand nombre possible de caractères, en commençant par ceux qui sont de premier ordre: "Présence ou non d'un Squelette; dispositions du Système nerveux; modes de Respiration et de Circulation du sang; genre de vie révélé par la forme des membres et la dentition, etc. Ces caractères dominants sont invariables; ils entraînent à leur suite, comme conséquence, des dispositions secondaires qui peuvent varier à l'infini. En établissant les règles de cet enchaînement, de cette subordination des caractères, Cuvier avait fondé la géologie et il a fait, pour la Classification Zoologique, ce que les De Jussieu avaient fait pour la Classification Botanique.

On part de l'espèce. L'espèce est un ensemble d'êtres qui se ressemblent beaucoup et qui transmettent à leurs enfants les caractères constants qu'ils avaient reçus de leurs parents. C'est une succession d'individus qui se transmettent, par hérédité des caractères invariables: le cheval; l'abeille. On groupe les espèces voisines en Genres: ainsi on réunit les espèces lion, tigre, jaguar, chat, en un genre, le <u>Genre chat</u>. On groupe les espèces chien, loup, renard, chacal, en un genre, le <u>Genre Chien</u>. La nomenclature est binaire: chaque être reçoit 2 noms, le nom du genre et celui de l'espèce. Les animaux d'un même genre sont comme des cousins qui portent le même nom de famille, et que l'on désigne par le prénom.

On fait de même pour les plantes.

Principales espèces du <u>genre chat</u>

Principales espèces du <u>genre chien</u>

Lion	: Felis leo.	Loup	: Canis lupus.
Tigre	: Felis tigris	Loup"des prairies"Canis latrans.	
Panthère	: Felis pardus	Renard	: Canis vulpes.
Jaguar	: Felis once.	Isatis bleu	: Canis lagopus.
Couguar	: Felis concolor	Chacal	: Canis aureus.
Chat	: Felis domesticus	Chien	: Canis domesticus.

Les genres importants constituent des familles,ainsi le genre Chat forme la famille des félins; le genre chien, la famille des canidés. On groupe les genres et familles en tribus. Les familles des félins et des canidés font partie de la tribu des digitigrades, carnassiers qui marchent légèrement sur le bout des doigts. De même la réunion des genres boeuf, mouton, chèvre, antilope, forme la tribu des bovidés. C'est le groupement de tribus voisines qui détermine un Ordre.
On réunit la tribu des digitigrades à celle des plantigrades, carnassiers qui marchent lourdement sur la plante des pieds (ours, blaireau) pour former l'ordre des Carnivores. Ensuite on groupe les ordres en Classes, et en Embranchements ou types qui présentent une parfaite unité de plan, c'est à dire la constance des caractères dominants, avec toutes les modifications possibles des caractères secondaires. En résumé, on divise les Embranchements en Classes, celles-ci en Ordres, Les ordres en Tribus, les tribus en Familles ou Genres, et les genres en Espèces.

Les 5 embranchements.

1° Vertébrés -
Les seuls qui possèdent une colonne vertébrale, base d'un véritable squelette et fourreau protecteur de la moëlle épinière. Leur système nerveux, comparable rable au nôtre, est dit cérébro-spinal: une cervelle et une moëlle épinière logée dans le dos; à l'intérieur de la colonne vertébrale. En général 4 membres et un sang coloré par les globules rouges. Exemple : lapin, moineau, lézard, grenouille, carpe. - Les autres êtres sont dits Invertébrés.

II <u>Annelés</u> -
Leur corps est subdivisé en anneaux qui diffèrent notablement chez les supérieurs munis de pattes articulées (articulés : abeille, écrevisse). Les anneaux se ressemblent beaucoup et possèdent une sorte d'indépendance vitale chez les inférieurs privés de pattes (vers : sangsue, ténia). Le système nerveux est ventral: il s'étend sous le tube digestif: c'est une chaîne simple ou double de petites masses nerveuses nommées ganglions. Les quatre premiers ganglions forment, avec les arcs qui les raccordent, un collier oesophagien autour du pharynx: ils tiennent lieu de cervelle.

III. <u>Mollusques</u> -
Animaux mous dont la majorité rampe sur un pied charnu. Leur corps est entouré par un repli de la peau, le manteau, qui sécrète une coquille protectrice soit d'une seule pièce(escargot: univalvé) soit de deux valves (huîtres :bivalve). Très peu sont dépourvus de coquille: le poulpe, la limace. Deux colliers

oesophagiens, formés par le raccord de trois paires principales de ganglions:
l'une dans la tête; la 2e, dans le pied; la 3e près de l'organe respiratoire.
    Jusqu'ici la symétrie de l'animal est paire ou binaire; il possède un côté
droit et un côté gauche, assez semblables, bien symétriques.
    Sous le nom de Zoophytes ou "animaux plantes" Cuvier réunissait les deux
derniers embranchements, parce que beaucoup de ces animaux ressemblent à des
fleurs, beaucoup se multiplient par bourgeonnement, vivant en commun. Agrégés,
presque immobiles, abrités dans le support calcaire qu'ils ont produit (polypier)
ces êtres semblent les fleurs animées de leur arbre pierreux. Exemple : le
Corail.

    IV - Rayonnés -
    Leur symétrie est étoilé, radiée, rayonnée: ainsi l'Etoile de mer a cinq
branches identiques. Le premier type est celui des echinodermes épineux, possède
un collier oesophagien de cinq ganglions, et deux appareils distincts pour la
digestion et pour la circulation. Tandis que les deux fonctions se confondent
dans le deuxième type, Polypes ou coelentérés (cavité intestinale) car l'animal
ne consiste guère qu'en un sac digestif, muni d'un seul orifice, que bordent des
tentacules; pas de collier oesophagien, à peine quelques nerfs : Méduse, Corail.

    V - Protozoaires -
    Les plus simples, les premiers créés. Peu ou pas d'organes. Toutes les
fonctions, d'ailleurs très élémentaires se confondent dans ces masses de Gelée
vivante, nommée Sarcode, protoplasme ou plasma, capable de s'assimiler la nourriture, de réagir un peu et de se reproduire. Les mieux doués ont une cavité digestive et une vésicule contractile servant de coeur : les autres n'ont aucun organe
et changent de forme (Amibe) "Eponge, infusoires; foraminifères de la craie, noc-
tiluque des mers en feu.
    Résumons :
                Les 5 embranchements-

I - Vertébrés :
        Vertèbres, squelette, système nerveux dorsal, cérébro-spinal.

II - Annelés:
        Anneaux, chaîne nerveuse ventrale : Articulés et vers.

III - Mollusques:
        Manteau, pied, 2 colliers oesophagiens :Univalvés et bivalvés.

IV - Rayonnés :
        Symétrie étoilée: Echinodermes, Coelentérés ou Polypes.

V - Protozoaires :
        Peu ou pas d'organes :Eponge, infusoires, noctiluque.

XVI^è LEÇON

L'embranchement des vertébrés
(est divisé en 5 classes)

I - Mammifères-

La mère allaite ses petits.Plus ils sont nombreux,plus elle a de mamelles. Les grands animaux en ont peu, les êtres faibles beaucoup. Cette classe est supérieure(sauf à quelques oiseaux)en intelligence et en amour maternel. Chez presque tous les mammifères le cerveau volumineux a 2 ou 3 lobes, riches en circonvolutions.Une fourrure, que l'automne épaissit. En général ces êtres sont coureurs. Il en est qui bondissent(chat) qui grimpent(singes) qui sautent (gerboise). Les préhenseurs peuvent saisir avec les pattes de devant (écureuil). Les 4 membres se modifient pour s'adapter au genre de vie: aile de la chauve-souris, palmes du phoque, 2 nageoiresde la baleine . Presque tous ont des dents enchâssées dans les alvéoles. On observe d'étroites analogies entre la dentition et la forme des extrémités: toutes deux révèlent le régime. Ainsi le carnivore (lion) a des canines en crocs, des molaires tranchantes et des griffes redoutables. L'herbivore (boeuf) n'a pas de canines, pas d'incisives en haut, mais de robustes molaires camelées: ses pieds se terminent par un sabot fendu, inoffensif. Plusieurs, à dentition complète, ayant les 3 sortes de dents, sont omnivores, mangent un peu de tout, végétaux et proies: singe, ours, porc.

Les mammifères partagent avec les oiseaux 2 caractéres de première importance:

I° Circulation identique à la nôtre, double et complète, gouvernée par un coeur double, à 4 cavités.

2°. Respiration très active, avec des poumons parfaits, d'ou résulte une chaleur élevée. Cette température doit demeurer constante, elle est de 38° pour les mammifères et de 42° pour les oiseaux.

II.- Oiseaux.-

Vertébrés, converts de duvet et de plumes, organisés pour voler.Dans leur aile on retrouve les parties essentielles d'un membre antérieur. Leur bec corné et privé de dents. En général 4 doigts. Avec eux commencent la série des Ovipares: ils pondent des oeufs et les couvent dans un nid qui est souvent une merveille, puis, ils élèvent leur petite famille.

III.- Reptiles .-

Cette classe renferme les vertébrés qui rampent soient qu'ils aient des membres courts et écartés (lézard) soit qu'ils manquent de pattes (serpent). La peau est couverte d'écailles superficielles, épidermiques (crocodile) qui peuvent se souder en bouclier (tortue). Les reptiles et les poissons sont des carnassiers dont les dents, semblables à des hameçons, manquent d'alvéoles et sont implantées sur la mâchoire. Ils pondent leurs oeufs avec certaines précautions mais très peu les couvent (python) et élèvent leur progéniture (épinoche) poisson).

Chez les reptiles la circulation est encore double mais elle est incomplète: les 2 sortes de sang, vermeil et bleu, pur et impur se mélangent un peu dans l'unique ventricule, et beaucoup vers le tiers supérieur de l'aorte, qui communique avec l'artère pulmonaire par un canal artériel. Les reptiles respirent l'atmosphère, mais médiocrement, avec de médiocres poumons. Ils produisent donc peu de chaleur , à peine 4°; c'est pourquoi leur température est variable, sans inconvénient; sang tiède en été, froid en hiver. Désormais tous les êtres sont "dits à sang froid".

IV.- Poissons.-

Vertébrés couverts d'écailles profondes, dermiques, et organisés pour nager, pour respirer et vivre au sein de l'eau; plusieurs ne quittent jamais les profondeurs. Ce sont leurs nageoires paires, pectorales et ventrales, qui représentent les 4 membres. Les poumons sont remplacés par des branchies, c'est-à-dire des lamelles flottantes, dans lesquelles le sang noir vient se purifier: il absorbe l'oxygène de l'air qui est en dissolution dans l'eau. Ainsi l'eau a dissous de l'air; cet air dissous est plus riche que l'atmosphère en oxygène 32% ; l'oxygène pénètre dans les branchies dont le sang vivifié redevient vermeil. Circulation simple et complète avec un coeur veineux, "droit", c'est-à-dire correspondant à la moitié droite veineuse du nôtre. Les poissons pondent énormément d'oeufs: l'épinoche, le gobie font un nid et soignent leurs petits. Plusieurs sont ovovivipares; l'oeuf éclot au moment ou il est pondu: c'est le cas de plusieurs poissons cartilagineux (raie) et des serpents venimeux: vipère est l'abrégé de ovovivipare.

V.- Batraciens.-

Classe intermédiaire entre les deux précédentes, car les batraciens naissent poissons et deviennent reptiles: grenouille, crapaud. De l'oeuf sort un petit poisson (têtard) à longue queue et sans pattes, qui respire l'air dissous d'abord par sa peau nue, puis avec des branchies externes, enfin avec des branchies internes. Par une métamorphose profonde, le poisson devient reptile. Des poumons s'organisent, et, quand ils peuvent fonctionner, les branchies disparaissent. Changements corrélatifs dans la circulation. On voit d'abord pousser les pattes de derrière, puis celles de devant, pendant que la queue diminue et disparaît: elle persiste chez la salamandre. La sirène et le protée sont de véritables amphibies respirant aussi bien dans l'air que dans l'eau, parce qu'ils conservent leurs branchies tout en acquérant des poumons.

C L A S S E S

I°.- Mammifères.-
Mamelles. Poumons parfaits. Température constanta 38°. Fourrure.

2°.- Oiseaux.-
Couvent. Volent(ailes). Poumons parfaits. Température constanta 42°. Duvet

3°.- Reptiles.-
Rampent. Poumons médiocres. Température variable. Ecailles.

4°.- Batraciens.-
Naissent poissons et deviennent reptiles. Peau nue.

5°.- Poissons.-
Nagent. Branchies absorbent air dissous. Ecailles.

LA CLASSE DES MAMMIFÈRES
(divisée en 16 ordres)

Etudions d'abord l'HOMME et les RACES HUMAINES.
Puis les Mammifères munis d'ongles ou de griffes :   Onguiculés.
Ensuite ceux qui possèdent des sabots : Ongulés.
Enfin les Aquatiques et les Inférieurs.

Ier Ordre : Bimanes (2 mains)

Un seul genre, une seule espèce: l'Homme.
L'être doué de raison: Homo sapiens. Il est à la fois bimane et bipède; il possède 2 mains délicates, aux pouces parfaits, pour saisir adroitement, et 2 pieds largement étalés pour se tenir debout, marcher, courir. Sa cervelle est supérieure de plus du double à celle des grands singes: elle pèse I kilog. 3 chez l'européen (500 gr. chez le gorille). La supériorité de notre cerveau apparaît surtout dans la région frontale qui préside à l'intelligence; elle présente quelques circonvolutions toutes spéciales. L'homme seul possède la parole articulée, l'usage de l'écriture et du feu, la faculté de faire des abstractions, le don de s'améliorer ou tendance à la perfectibilité et, pour tout dire en un mot, qui résume tout, l'émanation divine, l'Âme immortelle.
On divise l'espèce humaine en 5 grandes races, plusieurs sous-races et une multitude de rameaux qui s'enchevêtrent. Le meilleur caractère réside dans la supériorité du front par rapport au bas du visage. On nomme angle facial l'angle formé par 2 lignes qui partent de la base du nez, l'une pour longer le front, l'autre pour aboutir à l'oreille. Plus cet angle est grand, plus le front est développé relativement à la mâchoire. Il a 85° chez l'Européen, 75° chez le Mongol, 70° chez le nègre. On distingue aussi les crânes ovales(Australien) et les crânes arrondis (négritos andamènes); les mâchoires droites ou verticales (Européen) et les mâchoires saillantes, allongées en avant (nègre). Depuis quelques années on mesure le volume des crânes et le poids des cerveaux: I kil. 3 pour l'Européen, I kil. chez le nègre, 870 gr. chez les bochimans, petits nègres du Sud-Africain. Les autres caractères sont moins importants: " couleur de la peau; obliquité des yeux bridés; épaisseur des lèvres; nez aplati; pommettes des joues saillantes; moustaches, sans barbe au menton (Mongol); cheveux lisses ou crépus ou en houppes (Papou). Pour grouper les familles en rameaux on tient compte des langues qui se ressemblent lorsqu'elles ont une même origine. Les races inférieures diminuent et disparaîtront; elles sont caractérisées par l'uniformité des crânes, des physionomies et des travaux ; tandis que les races supérieures possèdent des êtres d'élite, des hommes de génie, qui tranchent sur la moyenne: le cerveau de Shiller pesait I, 790 gr., celui de Byron I, 800gr., de Cuvier I, 830 gr. Cette question de suprématie des races est traitée avec beaucoup de prudence par les maîtres de la science: Broca, de Quatrefages, Lebon, car le flambeau de la civilisation a passé par bien des mains; l'Inde et la Chine étaient au premier rang, alors que l'Europe végétait dans les ténèbres; Memphis, Athènes, Rome ont brillé tour à tour, alors que nos ancêtres, les Gaulois, étaient des barbares.

I°.- La race Indo-Européenne, qui a pour berceau l'Inde septrtrionale règne sur l'Europe, l'ouest de l'Asie, le nord de l'Afrique (620 millions); l'angle facial varie de 85° à 80°. La sous-race Blanche (4I0 millions) porte un surnom qui rappelle qu'elle est originaire du Caucase. La sous-race Indoue (2I0) est de couleur brune, et la sous-race Abyssinienne (3) a la peau noire. Ce qui prouve bien que la couleur de la peau est chose secondaire". De même au sud de l'Inde les Dravidiens sont noirs.

2° La race Mongolique, ou Jaune (500 millions), domine au Nord et à l'Est de l'Asie. Angle 75°, cheveux lisses, yeux bridés, etc. Ce sont d'abord les Mongols Chinois, Japonais, Tonkinois, Siamois, Tartares. Puis deux sous-races qui habitent les régions hyperboréennes, Lapons et Samoyèdes, Esquimaux et Groënlandais.

Entre ces 2 grandes races s'en intercalent 2 petites qui comptent, chacune, dix millions environ, mais qui diminuent et tendent à disparaître.

3° La race Malaise dont la peau est olivâtre: Malaisie, Polynésie, les Maoris de la Nouvelle-Zélande, les Hovas de Madagascar.

4° La race Américaine ou Cuivrée: (Peaux rouges), Natchez (I m 80), Sioux Hurons, Aztèques, Caraïbes, Araucaniens, Patagons, Fuégiens.

La 5ème race dite Nègre ou Ethiopique, compte pour 75 millions; elle habite l'Afrique (sauf le Nord) et la Mélanésie. L'angle facial s'abaisse à 70°. Les nègres proprement dits vivent en Ethiopie, au Soudan, en Guinée; les Cafres leur sont un peu supérieurs, quoique cannibales. Au sud les Hottentots et les Bochimans, bruns (I m 30) En Océanie, les Papous (I m 55), très fiers de leur chevelure; les Mélanésiens, anthropophages, et les pauvres Australiens, (I m 50), aux longs bras pendants, qui vont disparaître décimés par l'invasion, la tristesse, la misère. En étudiant les peuplades inférieures, telles que les Australiens, les Fuégiens de la Terre de Feu, les Veddahs de Ceylan(qui ne savent pas se désigner par un nom de famille) on comprend ce que furent les premiers âges de l'humanité alors que l'homme n'avait pas encore imaginé les poteries.

Exercice - Disposer en tableau ces 5 races et les principales sous-races.

La sous-race blanche ou caucasique est divisée en 4 Rameaux.

Européen - Teutons, Celtes, Latins, Grecs, Slaves.

Scythique - Turcs, Circassiens, Magyars.

Persique - Persans, Géorgiens.

Araméen - Berbères (Kabyle), Basques, Sémites (Arabe, Juif).

XVIIᵉ LEÇON -

Mammifères Onguiculés

(Ongles plats ou Griffes tranchantes)

En étudiant les animaux supérieurs nous constaterons souvent plusieurs lois importantes dont les trois premières ont été formulées par Buffon : elles concernent la répartition des Fauves :

I° Au voisinage des pôles les animaux sont peu nombreux, et les espèces analogues se ressemblent;

2° Dans les régions tempérées il n'y a pas encore de grandes dissemblances entre les espèces voisines;

3° C'est donc dans les régions tropicales que l'on observe le maximum de différences. Les pays chauds sont les plus riches en grandes espèces: les singes , les félins; les grand échassiers et les gros reptiles;

4° L'Amérique est inférieure au vieux continent: elle est privée de l'éléphant du rhinocéros, de l'hippopotame, de la girafe; la jaguar est inférieur au tigre, le lama au chameau, le nandou à l'autruche;

5° La faune australienne est très inférieure; en fait de mammifères elle n'a guère que les 2 derniers ordres: marsupiaux et monotrèmes;

6° Madagascar et la Nouvelle-Zélande ont des faunes spéciales;

7° Pour ne pas être aperçus de leurs ennemis ou de leurs victimes beaucoup d'animaux ont la couleur de leur retraite habituelle: l'ours blanc est invisible dans la neige; le renard polaire prend en hiver la teinte bleuâtre de la glace. Le coq de bruyère ne se distingue pas mieux des bruyères qui lui donnent asile que le lièvre du sillon où il s'est blotti. Les singes d'amérique ont une fourrure verte. Le lion est fauve comme les rochers brûlés qui lui servent de repaire.

IIème Ordre : Quadrumanes

(Quatre mains)

(1)	Tribus.
Ier Sous-ordre Ancien	1. Anthropoïdes: Orang, Chimpanzé, Gorille, Gibbon.
Singes Continent.	2. Babouins ou Cynocéphales (Afrique) Papion.
ou	3. Macaques (Asie), Magot (Gibraltar).
Simiens	4. Guenons :longue queue (Afrique)
	5. Semnopithèques (Asie): Entelle, Colobe, Nasique

(2) Américain. Ouistitis, Sagouins, Sapajous, Hurleur.

2° Makis ou Lémures: Maki, Aye-aye (Madagascar), Galéopithèque "volant".

I.- Les Quadrumanes sont des grimpeurs qui ont 4 mains munies d'ongles, 4 pouces opposables, pour vivre dans les arbres, s'élancer, se cramponner, se tenir assis sur les branches. Leurs pouces inférieurs sont plus puissants que les supérieurs qui manquent à quelques uns, bimanes par en bas: Colobe. Ces êtres bondissent bien, mais courent mal, incomplètement appuyés sur la paume. Plusieurs ne descendent jamais à terre. Leur dentition est semblable à la nôtre: ils sont donc omnivores, mangeant des "fruits, amandes, oeufs, oiseaux, lézards, insectes". Cerveau développé, beaucoup d'intelligence. Les 4 premiers extraordinaires; le nom de cette tribu: Anthropoïdes, indique qu'on les compare physiquement à l'homme, mais de loin, de très loin.

II.- Makis .-
On divise les quadrumanes en singes et Makis. Les Makis sont inférieurs aux singes en intelligence et en force. On les reconnaît à leur museau velu et pointu, de belette, qui n'a pas cet aspect repoussant de caricature humaine qu'offre la face dénudée du singe. Les Makis préfèrent les proies aux végétaux; ils sont très

insectivores; on les surnomme lémures (spectres) pour rappeler qu'ils sont crépusculaires ou nocturnes, déployant leur activité au crépuscule de la nuit, après
avoir dormi comme les chauves-souris pendant le jour. Ils dominent à Madagascar
qui privée de singes. Le Maki est joli, avec ses grands yeux veloutés et son long
panache. Ne pas confondre l'aye-aye avec l'édenté Aï, tous deux grimpeurs très
lents. A Sumatra le Galéopithèque "volant" possède sur les flancs une membrane
ou repli de la peau qui lui sert de parachute.

III.- Singes.-

Sauf quelques petites espèces, inoffensives et assez jolies (Ouistiti) les
singes sont nuisibles, pillards, méchants, répugnants. Beaucoup vivent en société,
sous la conduite d'un chef et organisent des expéditions pour dévaster et sacca-
ger les plantations ou les jardins: babouins, macaques, guenons. En une nuit le
cultivateur est ruiné. Les singes que l'on élève ne s'améliorent pas avec les
années: tout au contraire ils deviennent de plus en plus taquins, méchants, dangereux pour les petits enfants, faisant le mal pour le mal.

Par une loi générale, que nous retrouverons sans cesse, les animaux d'Amérique sont inférieurs à ceux du vieux continent. C'est dire que les singes américains sont moins intelligents et plus faibles. On les reconnaît à leurs 36 dents
et leurs narines écartées. Les Ouistitis mignons ont des griffes, sauf aux pouces.
La fourrure des Sagouins est verte comme le feuillage qu'ils ne quittent grère.
La longue queue des Sapajous s'enroule autour des branches; son extrémité denudée
capable de toucher, de palper, de saisir, de cueillir, constitue une 5e main chez
le Hurleur dont les cris formidables épouvantent chaque matin les hôtes de la
forêt, et chez l'Atèle-araignée, gymnaste vertigineux, aux membres grêles démesurés.

Les singes du vieux monde, ou Phithécins, ont des narines rapprochées et,
comme nous, 32 dents, aux canines saillantes. Plusieurs logent des provisions
dans des abajoues. Ayant besoin d'un climat chaud, ils ne vivent pas en Europe,
sauf la Magot que l'on tolère sur les rochers de Gibraltar. Très laids et drôles
les Macaques, joie de nos ménageries. Les babouins sont affreux, avec leur, museau
de chien (Tynocéphales) et leur queue courte: ils abusent de leur force quand
on oublie de protéger leurs petits compagnons. Les Guenons (Afrique) ont un caractère doux et une longue queue. Quant aux Semnopithèques, vénérés dans l'Hin-
doustan, leur nom rappelle leur allure grave, leur mine sérieuse: image de quelque divinité malfaisante: l'entelle et le rhésus sont sacrés.

IV.- Les 4 Anthropoïdes.-

Comparables, mais de très loin, et seulement au physique, à l'Australien
ou au Boschiman, ce sont des merveilles d'intelligence, d'affection familiale,
d'amitié pour leurs semblables. Ils organisent dans les arbres un véritable lit
de feuilles, avec toiture contre la pluie. Ils font quelques pas debout, voûtés,
puis ils retombent sur le dos des doigts de devant, tandis que les autres singes
marchent à 4 pattes sur la paume, à la fois quadrumanes et quadrupèdes. En captivité on obtient d'eux des choses étonnantes: ouvrir une serrure, se servir à
table proprement, etc. Malheureusement ils meurent très vite, de froid et de
tristesse.

1° L'Orang-outang (de Bornéo, Sumatra), ou homme des bois : 1m. 35.roux.

2° Le Chimpanzé (Guinée, Gabon,) plus doux, plus petit, plus foncé.

3° Le Gorille (id) énorme, 2 m., farouche, indomptable, terrible dans
sa défense; mais non pas cruel, puisqu'il ne mange que des végétaux.

4° Le Gibbon (Malaisie, Inde) a des membres démesurés comme l'atèle:
ses bras pendent jusqu'à terre, il grimpe avec une agilité merveilleuse. Pour

augmenter l'intensité de leurs cris, la nature a donné à presque tous les anthropoïdes, ainsi qu'aux hurleurs, des cavités dans la gorge, ou sacs laryngiens.

Lecture.-
Orang et chimpanzé (Intelligence des animaux par E. Menault. Bibliothèque des
merveilles).

XVIIIème L E Ç O N

IIIème Ordre : Carnivores ou Carnassiers.
(Mangeurs de chair; vivant de proies)

<table>
<tr><td></td><td>Genres</td><td>Espèces</td></tr>
</table>

DIGITIGRADES

Marchand déli-
catement sur le
bout des doigts .

I. Chat (félis)Félins { Vx.Continent: Lion, tigre, panthère.
                        Amérique:Couguar , jaguar, ocelot.

2. Hyène: Rayée, Tachetée, Brune (Afrique et Perse

3. Chien : Chien, loup, renard, isatis, chacal.

4. Belette: Putois, hermine, furet - Fouine, martre.

INTERMEDIAIRES

5. Civette: Civette, genette, mangouste ou ichneumon.

Divers: Glouton, loutre, ratel, raton, coati, moufette.

PLANTIGRADES
Marchant lourde -
ment sur la
plante des pieds.

I. Blaireau.

2. Ours: Brun, gris, noir, à collier, jongleur, blanc.

I.- Les Carnivores, vivant de proie , ont une mâchoire très forte qui se
déplace en ciseaux, 4 canines ou crocs arrêtent, étranglent, déchirent la victime.
Molaires tranchantes pour broyer les os: on nomme carnassières les 4 plus grosses,
logées au fond de la gueule chez ceux qui sont exclusivement carnassiers: tels que
les félins. Quand l'animal mange volontiers des végétaux(ours, blaireau), ses carnassières sont suivies d'autres molaires dites tuberculeuses, comme les nôtres afin
de broyer les écorces, les racines: le chien en 8: en tout 42 dents $\frac{4}{1}$ i, $\frac{1}{1}$ c, $\frac{6}{6}$ m.
Les griffes sont le plus souvent des armes (Ours): celles des félins,
rétractiles, rentrées dans la patte, ne sortent que lorsque l'animal veut s'en servir; ainsi, elles demeurent tranchantes, et le félin s'approche de sa victime sans
qu'aucun bruit trahisse ses projets. Pour le combat de la vie, les carnivores sont
bien armés, car ils ont beaucoup plus de peine que l'herbivore à trouver leur nour-
titure. La nature les a créés intelligents (ruses et patience du renard), agiles,
pourvus de sens excellents: oeil perçant, flair subtil, oreille fine. Les uns sont
des coureurs infatigables: bandes de loup poursuivant un traineau; lévriers, si
rapides qu'il est défendu de les utiliser à la chasse. D'autres courrent mal, mais
bondissent à merveille. Les chats guettent leur proie, rampent et s'élancent. L'ours
est un bon grimpeur; panthère, civette, chat sauvage se plaisent à l'affût sur les

arbres; dame belette se faufile dans le moindre trou du poulailler; la loutre plonge pour dévaster les viviers; les ours blancs nagent en sociétés.

II.- Non seulement c'est un ordre nuisible, qui décime le bétail, la basse-cour, et les petits oiseaux(ces jolis auxiliaires qui croquent les insectes), mais les grands carnassiers sont dangereux pour l'homme. Chaque année, le tigre dévore 3. 000 Indiens au sud de l'Asie; les lions sont moins avides de chair humaine, mais le chasseur risque sa vie en attaquant les grands félins: l'ours gris de Sibérie et d'Amérique, les ours blancs qui se prêtent assistance. Dans nos hivers rigoureux, des enfants sont attaqués par les loups; ce carnassier fait en Russie 200 victimes par an.

Une seule compensation sérieuse: c'est parmi les carnivores que nous avons trouvé notre fidèle ami, notre meilleur serviteur: le chien. Que de services rendus, que de races créés ou améliorées: chiens de berger, de garde, de chasse, d'aveugle, de sauveteurs (Terre-Neuve, Saint-Bernard), de policiers, etc.; attelage des Esquimaux. On utilise les services restreints du chat, du furet, du guépard dressé à la chasse. La civette et la genette sont domestiquées pour le parfum musqué qu'elles fournissent. Fourrures splendides: félins, ours, loutre, zibeline, hermine. Si la chair des vrais carnassiers n'est pas mangeable, celle des omnivores, friands de végétaux et de miel, est assez agréable: ours, blaireau. Les Chinois mettent à la broche un affreux chien dénudé et gras.

Ainsi, tout d'abord, le mal semble tellement l'emporter sur le bien, que l'on souhaite l'extermination des carnivores (l'Angleterre n'a plus de loups et presque pas de renards). Ce serait un bien dans l'intérêt de nos animaux domestiques. Mais, en dehors, des pays civilisés, ce serait plutôt un mal, parce que les herbivores sauvages dont le nombre et l'audace augmenteraient soudain, dévoreraient les plantations. Depuis que les Anglais ont refoulé dans le désert les lions du Cap, on a beaucoup de peine à protéger les cultures contre la dent des antilopes. Il faut donc que l'homme ne modifie pas trop brusquement cet équilibre général en vertu duquel le bien et le mal se balancent ici-bas. De même nos petits carnassiers détruisent mille bêtes nuisibles: rats, mulots, serpents, insectes. Pour ce motif, l'ichneumon était vénéré en Egypte; on admet, aussi, qu'il est friand d'oeufs de crocodile.

III.- La famille des félins, ou genre chat, est composée d'espèces qui se ressemblent beaucoup, sauf la taille; animaux crépusculaires, chassant au déclin du jour; oeil phosphorescent, à pupille très dilatée qui voit dans l'obscurité; griffes rétractiles, sauf chez le guépard; chasseurs qui se mettent à l'affût près des ruisseaux, parfois dans les arbres, et qui bondissent. Langue râpeuse pour faire couler le sang, saigner les chairs. 30 dents= $\frac{3}{3}$ incisives, $\frac{1}{1}$ canines, $\frac{4}{4}$ molaires. Le Lion règne en Afrique et en Perse, suivi à distance respectueuse par des bandes de hyènes qui se disputent les débris de son repas. Le Tigre règne au Sud de l'Asie. La Panthère vit en Malaisie, Asie, Afrique; on nomme léopard la grande panthère africaine. On rencontre dans les Pyrénées une variété de Lynx ou loup-cervier. En vertu de la Loi Générale, les félins d'Amérique sont inférieurs à ceux du vieux continent: ainsi le Jaguar est plus petit que le tigre; l'Ocelot plus faible que la panthère. Quant au Couguar ou Puma, surnommé: " lion américain" c'est une sorte de léopard fauve, sans crinière. Le jaguar est plus allongé que la panthère: il possède 4 ou 5 rangées de grandes rosaces, ayant un point central, tandis que la panthère est mouchetée d'une dizaine de rangées de petites taches. Alexandre faisait étrangler par deux dogues le petit lion européen de Macédoine anéanti depuis cette époque.

C'est en Amérique que l'on trouve le Raton laveur qui lave sa nourriture, même dans nos ménageries; le Coati, assez joli malgré son long museau pointu;

la Moufette que prolège la plus affreuse des odeurs. Le Blaireau se creuse un terrier très propre. L'Ours est intelligent, solitaire, sauf les sociétés d'ours blancs au pôle. Tout cet ordre nous fournit de nombreux exemples d'une loi naturelle qui veut que beaucoup d'animaux aient une fourrure, une "livrée" semblable à leur entourage accoutumé, afin de demeurer inaperçu, invisibles, pour tromper leurs ennemis et leurs victimes. Et d'abord, l'ours blanc, blanc comme son royaume de neige. Le renard polaire, ou Isatis bleu, prend en hiver la teinte bleuâtre de la glace; l'hermine devient d'une blancheur proverbiale. Le lion est fauve comme ses rochers et ses sables brûlés par le soleil. Les mouchetures de la panthère rappellent qu'elle guette sa proie du haut des arbres, et les rayures du tigre qu'il se dissimule dans les jungles de l'Inde, roseaux et bambous.

200 Races de Chiens

1° **Chasseurs** : I - Arrêt: Braque, epagneul, basset. 2 - Courants.
2° **Laineux** : : Terre-Neuve, St-Bernard, de Berger, Mouton.
3° **Lévriers** -
4° **Mâtins** -
5° **Dogues** : Bouledogue, Terrier, Carlin.

Sauvages : Colsun et Buansu (Inde) - Coloré (Cap) - Des Pampas, Dingo (Australie)

Lecture.-
Le Lion, par Buffon. Quelques pages de Jules Gérard, le tueur de lions.

XIXème L E Ç O N

Fin des Mammifères onguiculés   (à griffes)

Les 3 ordres suivants renferment des êtres inférieurs aux précédents, moins intelligents et plus petits; leur cerveau a seulement 2 lobes, ou un seul, et peu de circonvolutions. La plupart se creusent des terriers et sont crépusculaires et nocturnes. Plusieurs hibernent, ils dorment tout l'hiver et sortent de cette léthargie amaigris, affamés. Les insectivores et les chauves-souris sont de précieux auxiliaires que l'agriculteur fait respecter, car ils dévorent les insectes et d'autres petites bêtes malfaisantes: souris, mulot, serpents. La nature leur a donné une mâchoire formidable armée de limes, cisailles, tenailles, molaires hérissées.

IVème Ordre   Insectivores
(Mangeurs d'insectes)

Taupe - Hérisson - Musaraigne - Desman -

1.- La Taupe possède un long museau fouisseur, 2 yeux très petits, pas d'oreille externe, 2 pattes antérieures élargies en pelles de terrassiers. Elle se creuse des taupinières compliquées, avec chambre centrale, 2 galeries circulaires

et de longs corridors; c'est là qu'elle fait une chasse rapide, infatiguable, aux
insectes et aux petits mulots. Peu d'êtres sont aussi énergiques; il n'y en a pas
de plus voraces. Quand deux taupes se rencontrent, c'est un duel à mort. Elles nous
délivrent surtout du "ver blanc", cette larve de hanneton qui dévore nos meilleurs
végétaux pendant plus de deux ans, avant de se métamorphoser en hanneton très nuisible, lui aussi. Lorsqu'un potager, trop miné de taupinières, menace d'être défon-
cé, on repousse les taupes en plein champ, mais on ne demande plus au "taupier" de
les tuer. La Provence possède une taupe aveugle. On remarque au Cap et en Chine
des taupes dorées et dans l'Am. nord le condylure à museau étoilé. Pas de taupes
dans l'Am. Sud et l'Australie.

II.- Le Hérisson, couvert de piquants, se roule en boule devant l'assail-
lant tant son muscle peaucier est développé et il lasse souvent la patience du renard. Chasseur un peu bruyant, il dévore les insectes, escargots, rats, mulots,....
et les vipères dont il aime braver le venin, presque impunément. Aussi l'a-t-on
domestiqué en Perse. Sa chair est passable, mais on aurait tort de tuer cet être
utile. Le tanrec de Madagascar a des piquants peu durs presque mous.

III.- La Musaraigne (ou souris-taupe) est le plus mignon des mammifères;
la petite espèce n'a pas plus d'un centimètre; sa queue est deux fois plus longue;
le museau pointu est une sorte de trompe. Elle dévore les insectes microscopiques
qui sont parfois les plus nuisibles, comme le prouve le phylloxéra. Mais elle s'introduit volontiers dans le grenier pour y manger les grains. Son odeur est musquée,
moins que celle du Desman, 2 fois gros comme le hérisson, animal palmé, donc aquatique, armé comme la taupe de 44 dents; il vit en Espagne, en Russie, au Thibet.
Le Cladobate malais ressemble à l'écureuil.
En dehors de cet ordre et du suivant, nous étudierons une multitude de mangeurs
d'insectes, plus utiles les uns que les autres: les fourmiliers des marsupiaux,
les oiseaux et les reptiles, le crapaud; l'araignée.

Vème Ordre : Chauves-souris ou <u>Cheiroptères</u>
(main-ailée)

I.- Leur main se transforme en aile; 4 doigts s'allongent pour soutenir
une membrane double, fine, sensible, qui se rattache aux flancs, aux pattes et à
la queue. Le 5ème doigt correspondant au pouce est un crochet, qui sert pour se
suspendre et pour ramper. Crépusculaires ou nocturnes, les chauves-souris ont un
oeil petit que la vive lumière éblouit: les autres sens sont excellents. L'intérieur
des ailes est d'un sensibilité telle que la bête devenue aveugle ne se heurte jamais, en voltigeant dans une salle ou l'on a accumulé des obstacles. Oreille fine,
parfois à conque énorme munie d'une soupape (Oreillard). Flair subtil, le nez pouvant
être surmonté d'appendices recourbés, ou feuilles nasales (lyre, fer à cheval);
Souvent deux sortes de poches à provisions: dans la cuisse et dans la joue, aba-
joue. Ces êtres hibernent en commun, accrochés aux saillies de leur retraite et les
uns aux autres. Plusieurs aiment à se suspendre par les pieds, dormant la tête en
bas.

II.- Toutes nos espèces indigènes doivent être respectées   en qualité de
précieux insectivores, accomplissant dans l'air la tâche utile que les taupes exécutent sous terre. Les vespertilions volent dans les villes au coucher du soleil,
les noctules se plaisent dans les arbres, les sérotines nichent dans les clochers;

la pipistrelle des greniers, le molosse assez gros, etc.

Quelques espèces exotiques sont très grandes et assez nuisibles. La Mégaderme-lyre de l'Inde vit de grenouilles. La roussette (Inde, Am.), surnommé "chien volant", a la taille, le museau, la couleur d'un petit renard? Son envergure dépasse un mètre et demi. Très friande de fruits, elle pille les jardins: on lui fait la chasse, et l'on mange sa chair très agréable. Le vampire (Am. sud), armé de deux longues canines inférieures, aspire le sang des animaux endormis sans les réveiller, il s'attaque volontirrs au bétail, jamais à l'homme. Fort heureusement il est de petite taille et ne peut nuire qu'à de très jeunes animaux.

VIème Ordre : Rongeurs -

Préhenseurs	Rat, Souris, Mulot, Hamster, Campagnol, Lemming. Ecureuil, Loir, Gerboise, Marmotte, Castor, Chinchilla.
Coureurs	Porc-Epic, <u>Américains</u> : Cochon d'Inde ou Cobaye, Cavis Myopotame ou Coïpou, Agouti, Paca, cabiai.
Sauteurs	Lièvre, Lapin, Lagomys.

I.- Les Rongeurs sont organisés pour ronger continuellement, manger ou grignoter toujours. Les 4 incisives énormes $\frac{4}{4}$, en biseau poussent sans cesse, et s'allongeraient à l'excès si elles ne s'usaient par un frottement continuel; quand l'une d'elles est cassée celle qui lui est opposée fait bientôt saillie hors de la bouche qu'elle obstrue. Pas de canines $\frac{0}{0}$, un large espace vide.

Des molaires crénelées de stries transversales, parce que la machoire se-déplace en longueur, comme un rabot, pour râper les écorces, les graines, les aliments les plus durs. La majorité n'a que 16 dents $= \frac{4}{4}$ inc., $\frac{0}{0}$ c., $\frac{3}{3}$ m. Le lapin et le lièvre en ont 28 $= \frac{4+1}{4+1}$ inc., $\frac{0}{0}$ c., $\frac{6}{5}$ m. ; derrière leurs deux grandes incisives supérieures, sont logées deux petites, dites "de renforcement".

II.-C'est un ordre fort nuisible: les rongeurs dévorent nos meilleurs végétaux; ils dévastent les jardins, les greniers, les champs. Plusieurs souillent les provisions des placards, des caves, des navires; le rat d'eau dévaste les viviers. Le mal devient fléau avec les campagnols, lemmings, hamsters, qui font, avant l'hibernation, d'énormes provisions pour le réveil; le campagnol-économe de Sibérie, moins gros qu'un rat, enfouit 100 kilogrammes de blé dans son terrier. Heureusement que les lemmings scandinaves entreprennent des voyages qui se terminent par leur extermination réciproque; ils se détruisent les uns les autres. Ce sont des émigrants, les rongeurs: le rat noir, nous est arrivé d'Orient, à la suite des croisades, au retour des croisés; il a été chassé des égouts de nos grandes villes par le surmulot gris, venu du Caucase et de l'Inde, surtout par navires chargés de blé . Et notre souris d'Europe a pris le même moyen de traversée pour émigrer en Amérique.

Par compensation à ces caractères nuisibles, on mange beaucoup de rongeurs: lièvre, lapin, écureuil, porc-épic, etc. On en tire de belles fourrures; les longs poils servent pour feutres de chapeaux et les peaux souples pour gants: castor, écureuil gris, (petit gris), viscache, myopotame, chinchilla domestiqué au Chili, lapin-angora, etc.

III.- Les rongeurs forment trois groupes:

1º Les préhenseurs, qui prennent assez adroitement leur nourriture avec les courtes pattes de devant lorsqu'ils sont assis. Presque tous sont grimpeurs,

avec clavicule, et omnivores. Parmi les plus curieux: la gerboise, qui bondit très
drôlement, le castor et le " chien des prairies", aux républiques si intéressan-
tes.

2° Les coureurs: sans clavicule, véritables herbivores ; leurs molaires
n'ont pas de racines et poussent sans cesse. Sauf le porc-épic, ils vivent en Amérique; plusieurs sont très grands: l'agouti, 50c, haut sur pattes, court fort bien,
et s'apprivoise. Le cabiai aussi; il dépasse 1 mètre et quart: bon nageur, quoique
lourdaud, il rappelle en petit l'hippopotame.

3°.- Les sauteurs ou léporidés: Lièvre et lapin; celui-là solitaire, peu
rusé, blotti dans un sillon: celui-ci intelligent, rusé, vivant en sociétés, se
creusant un terrier à plusieurs issues; presque libre dans les garennes, domestiqué dans les clapiers. Le lagomys, s'est cantonné dans les régions froides (Sibérie
Mts. Rocheux) pour fuir l'homme, tout comme la marmotte s'est réfugiée sur les
hauteurs neigeuses des Alpes.

Lecture.-
Quelques fables de La Fontaine sur les rats: La Chauve-Souris et les deux
Belettes.- Lire dans Buffon, les moeurs des Castors, et dans Brehm, la vie du " .
" Chien des Prairies" américaines.

XXème LECON

II^è Division - Mammifères ongulés

(chaque doigt entouré d'un sabot)

I.- Le Sabot est un étui corné qui enveloppe complètement l'extrémité
du doigt, la phalangette; il ne peut servir ni à prendre, ni à toucher délicatement
Les ongulés ne sont pas préhenseurs; quand ils portent leur nourriture à leur bouche, ce n'est pas avec le pied: éléphant. Presque tous sont de pacifiques herbivores, se courbant jusqu'au sol pour brouter l'herbe, ou attirant avec leurs longues
lèvres, la branche dont ils convoitent les feuilles, les fruits, l'écorce. Mâchoire
mal garnie sur le devant, dépourvue de canines qui déchirent les proies: elle a
des incisives pour couper les végétaux, et de robustes molaires pour les triturer;
véritables meules mâchelières, renforcées de replis d'émail et de cément sur leur
couronne. Chez un petit nombre d'ongulés, la présence de canines révèle des omnivores, aimant certaines proies(Porcins); elles s'allongent en défense chez le sanglier et le porte-musc. Le cheval n'acquiert ses quatres canines qu'à l'âge de 7ans
et la jument est privée des 2 inf. ce qui prouve bien que cette arme tardive n'est
pas destinée à la mastication mais au combat. Toutefois l'antiquité a connu des
chevaux féroces qui dévoraient les victimes.

II.- Par un instinct de solidarité, de protection mutuelle, les ongulés vivent
en sociétés, sous la conduite d'un chef digne de commandes par la vigueur ou la
prudence que donnent les années. Attaqués par les carnivores ils forment le cercle:
au centre se placent les plus faibles, jeunes et vieux, mères et petits: alors les
buffles dressent leurs cornes vers le tigre; les chevaux, à l'inverse, tournent
leurs sabots de derrière vers la bande de loups, mise en fuite par leurs ruades.
Presque tous ces herbivores qui, vivent en société sont devenus nos animaux
domestiques: leur sociabilité a facilité leur domestication. Habitués a obéir à
un guide, ils ont accepté plus volontiers la protection de l'homme: cheval, boeuf,

mouton, porc, chameau, renne,éléphant. La domesticité a diminué leur vigueur: le
porc dérive du sanglier plus robuste, le mouton du mouflon, la chèvre du bouquetin.
Mais par des soins persévérants, grâce à une patience ingénieuse, nous sommes ar-
rivés à créer des races qui nous donnent le maximum d'utilité: le cheval anglais
pour la vitesse; le boeuf durham pour la vainde; certains porcs pour le lard; la
vache suisse pour le lait; le mouton mérinos pour la laine. En principe, 2 catégories de races:

I°- Les races de plaines, animaux de grande taille et de grand rapport
mais qui réclament des soins, une nourriture choisie: la vache hollandaise, le
cheval normand.

2°.- Les races de montagnes, animaux petits, mais robustes, rustiques,
se contentant de peu, pouvant passer bien des nuits en plein air : le poney d'E-
cosse; le mouton à tête noire d'Auvergne.

III.- Cuvier divisait en 3 groupes les animaux à sabots:
I°.- Les chevaux.
2°.- Les pachydermes, à cuir épais, éléphant, rhinocéros, porc.
3°.- Les ruminants .- Aujourd'hui on adopte 4 ordres: éléphants, jumen-
tés, porcins, ruminants. Dans les deux premiers ordres, le nombre des doigts est
impair, 5, 3, ou I, et, dans les deux derniers, il est pair, 4 pour les porcins,
2 chez les ruminants, ce qui constitue le pied fourchu de ces Bisulques. Chez tous,
la course est facilitée par l'allongement du canon, métacarpe et métatarse.

Nombre des doigts	Ordres	Tribus
Impair	VII : Eléphants (5 doigts)	
	VIII: Jumentés (Bât)	Tapirs (4 - 3) Rhinocéros (3 - 3) Equidés (I) Cheval, âne, Hémione, zèbre.
Pair (Pied Fourchu) Bisulques	IX : Porcins (4)	Hippopotame(4) P⁺ Dits :(2+2) Porc,Pécari
	X : Ruminants (2)	à Cornes: Bovidés,Cervidés Girafes. sans cornes: Chevrotains, Camélidés.

VII^è Ordre : Eléphants ou Proboscidiens.
(à trompe)

I.- La trompe est le prolongement du nez; elle est munie, en haut, d'une
soupape, et en bas d'une languette ou "doigt" dont l'habileté est incroyable; l'é-
léphant ramasse une pièce de 4 sous; il ouvre une serrure. Avec ce tuyau double
l'animal cueille sa nourriture et pompe sa boisson; puis il recourbe sa trompe qui
introduit dans l'énorme gueule l'herbe ou le liquide. Il a 8 molaires, qui sont
renouvelées 5 à 6 fois dans le courant de sa longue existence de 150 à 180 ans.

Pas de canines ni d'incisives inférieures. Les 2 défenses représentent donc les incisives supérieures: total 10 dents: $\frac{2}{0} \cdot \frac{0}{0} \cdot \frac{2}{2}$. Ces défenses sont le type du bel ivoire; leur poids atteint 750 kilos.- 5 doigts empâtés dans une colonne massive

II.- L'éléphant est une merveille d'intelligence que les années augmentent, et on le devine à la vivacité de ses petits yeux malins.

1°.- L'espèce asiatique est plus petite; front 2 fois bombé ou concave; petites oreilles mobiles; les molaires sont renforcées de bandes d'émail allongées en ellipses. On s'empare difficilement de ce noble animal avec le concours d'éléphants domptés; alors il se soumet et, sous la direction de son cornac, parfois même exécutant sans surveillance la tâche accoutumée, il rend d'immenses services; il porte 2.000 kilos parcourant 20 lieues par jour. Transport de bois précieux; labourages profonds; chasse au tigre; transport de canons.

2°.- L'éléphant d'Afrique est plus grand: front bombé, convexe, larges oreilles immobiles; bandes d'émail allongées en losanges sur les molaires. Autrefois il était domestiqué; les Carthaginois l'employèrent contre Rome; aujourd'hui il est redevenu indomptable; d'ailleurs les nègres préfèrent l'exterminer pour vendre son ivoire, véritable crime de sauvagerie, que les Européens devraient empêcher. Nos premiers pères ont connu d'autres proboscidiens ancêtres de l'éléphant; le dinothère avait 2 crocs recourbés à la mâchoire inférieure: $\frac{2}{4}$ inc. ; le mastodonte, aux molaires mamelonnées possédait 4 superbes défenses $\frac{2}{2}$; le mammouth, orné d'une fourrure et d'une crinière, dressait 2 magnifiques défenses courbes: $\frac{2}{0}$; on en a retrouvé dans les glaces de Sibérie qui les ont conservés intacts; des chiens voulaient dévorer cette chair vieille de 6.000 ans. Leurs défenses constituent l'ivoire fossile verdâtre.

VIII^è Ordre : Jumentés.

I.- Leur nom indique que plusieurs sont des bêtes de somme, portant le bât, "l'âne; le cheval du paysan; le tapir américain." Le nombre des doigts est impair: 3 chez le tapir et le rhinocéros, 1 chez les chevaux. Pour être très exact nous dirons que le tapir a 4 doigts en avant, le daman 5, le rhinocéros 3 et, tous, 3 doigts en arrière. Muni d'une petite trompe, le tapir aime les marais; sa taille dépasse celle de l'âne, une espèce vit en Malaisie et dans l'Inde; une autre est un peu domestiquée en Amérique. La peau du rhinocéros est à l'abri des balles; sa longue lèvre cueille les végétaux; son nez est armé d'une corne creuse (Inde, Java) ou de deux (Sumatra, Afrique); monstre farouche, inintelligent, mais inoffensif. Entre ces deux gros pachydermes, les règles de la classification intercalent un petit être velu, musqué, comestible, le daman qui vit en troupes au Cap et en Syrie il a presque les pattes du tapir (5-3) et la dentition sans canines du rhinocéros.

II.- Les Equidés, solipèdes, ou chevaux, renferment d'intelligents et gracieux animaux, très agiles: leur canon allongé est suivi d'un seul doigt robuste à 3 phalanges: paturon, couronne, pied ou phalangette, entouré du sabot. Mieux que les femelles, le mâle est armé de canines, parfois tardives; un long espace vide, la barre, les sépare des molaires. C'est là que l'on place les mors. Type: la mâchoire du cheval (42 dents). $\frac{3}{3} \cdot \frac{1}{1} \cdot \frac{7}{7}$. L'âne est utile, sobre, patient, intelligent et joli quand il est soigné; certaines races sont fort belles (Egypte). Assez voisins de lui, l'onagre, l'hémippe (de Turquie d'Asie), l'hémione (de l'Inde), tous trois fauves; et les espèces africaines tigrées; zèbre, couagga, daw.

III.- III.-Le cheval, en latin Equus, d'ou équitation, équestre, écuyer; en grec Hippos, d'ou hippique, hippodrome. Pendant 25 à 30 ans, ce bon serviteur rend mille services à l'agriculture, à l'armée, aux cités; cheval de trait, de selle, de chasse; carrossiers, grosse cavalerie, cavalerie légère.

Jusqu'à 12 ans, l'examen de sa mâchoire permet de préciser son âge; car les dents de lait sont remplacées à époque fixe; les canines ne poussent qu'à 7 ans; les incisives encore jeunes $\frac{3}{4}$ sont creusées d'une fossette qui diminue et disparaît par l'usage. Quand ce précieux auxiliaire meurt, il n'est rien de lui que nous n'utilisions: la chair est appréciée de plus en plus (hippophagie); on fabrique de la colle-forte avec les tendons et les rognures de peau; celle-ci est tannée en cuir aux nombreuses applications; on emploie la corne, les crins, la bourre. Avec les os on confectionne mille objets: boutons, manches, etc., ou bien l'on prépare le noir animal, le phosphore; bref, rien n'est perdu.

Les grandes races de plaines procurent les timonniers pour gros camions: flamands, boulonnais. Les poneys des montagnes ont le pied très sûr au bord des précipices: Corse, Navarre, Ecosse, Java. Le cheval de course, anglais ou andalous, dérive de l'arabe. L'élevage et le dressage du " pur sang " rarement rémunérateur, est le luxe d'un grand seigneur et l'honneur d'un bon citoyen, car il suffit d'inoculer quelque peu de ce sang pur dans les veines du " cheval d'armes " pour lui donner la vaillance, la rapidité, l'endurance. La Tartarie possède le tarpang sauvage, et l'Amérique des chevaux demi-sauvages que l'on prend au lazzo; ils descendent de coursiers importés d'Europe, car il n'y avait plus de chevaux dans le Nouveau-Monde quand il fut découvert par Ch. Colomb, 1492. A des époques reculées, le cheval fut traqué comme gibier. Robes: cheval noir, bai, alezan, isabelle, gris, rouan, pommelé, blanc, marron d'Inde, pie, etc.

NOTES.-

I°.- Le mulet, qui rend d'assez grands services à l'armée et dans les pays des montagnes, n'est pas une espèce: il ne se reproduit pas; il provient du croisement de 2 espèces, le cheval et l'âne .

2°?- Pourquoi placer le cheval et le zèbre, si élégants, dans le même ordre que le rhinocéros et le tapir, ces deux lourdauds ? Par une raison décisive que nous approfondirons, l'an prochain, en géologie; les ancêtres du cheval et de l'âne ressemblaient au tapir; ils en avaient l'allure trapue, le nombre de doigts, le canon multiple, la petite trompe; comme lui, ils vivaient dans les marais. Peu à peu, quittant les marécages pour les prairies, ils devinrent agiles, sveltes; alors les 2 doigts latéraux diminuèrent (hipparion), puis disparurent, et il ne resta plus que le médius robuste. Le canon atteste ces transformations, puisqu'il est triple; derrière le grand os, métacarpien ou métatarsien, nous en voyons 2 petits; les stylets ou styliformes.

Lecture.-

Capture d'un éléphant sauvage. Chasse au tigre. Capture au lazo d'un cheval, dans les Pampas américaines.

XXI^è LEÇON

Ongulés Bisulques

Porcins et Ruminants

Leur pied est fourchu parce que le nombre des doigts est pair. Au milieu du cou-de-pied (tarse), devant le calcanéum du talon, est un os de forme curieuse, en double poulie, l'astragale; c'est le jouet que les écoliers nomment "osselet".

IX^è Ordre : Porcins.

Animaux lourds, trapus, aux longues soies dures, parfois clairsemées. Comme le tapir ils aiment les marais: un long museau, boutoir ou groin, leur permet de fouiller la terre, pour déterrer les tubercules et déraciner les plantes. Leur dentition complète comporte les trois sortes de dents; de 40 à 44; elle révèle des omnivores, chassant les petites proies. Les canines s'allongent en défenses, surtout les deux inférieures qui s'aiguisent en frottant contre les deux supérieures sortes de " grès à aiguiser ". Ces bisulques ont 4 doigts, tous 4 égaux chez l' hippopotame, monstre africain dont le nom signifie " cheval de fleuve " parce que son hennissement rappelle celui du cheval. Presque toujours dans l'eau des grands fleuves et des lacs, il plonge longtemps, afin de calmer la chaleur que détermine son énorme couche de lard. Très nuisible, il dévaste les plantations de maïs, de riz, de canne-à-sucre. Sa chair est mangeable, et l'ivoire de ses dents sert pour " dentiers ".

Chez les porcins proprement dits, 2 grands doigts touchent le sol, et 2 petits, en arrière, empêchent en s'arcboutant l'animal de glisser dans la vase (2+2); ces deux petits doigts postérieurs rappellent ceux de l'Hipparion fossile. Le Porc dérive du sanglier; c'est un vorace qui profite bien, un épurateur qui rapporte, base de toute charcuterie: chair, lard, graisse (saindoux), sang (boudin), Les porcs qui vivent en demi-liberté (Hongrie Amérique) dévorent des petites proies qui leur communiquent les germes de vers intestinaux et de trichines; on doit surveiller tout particulièrement cette charcuterie, la cuire, la saler, la fumer, l' examiner au microscopes. Amateur de truffes, le porc les déterre à notre profit. Aux Baléares, on l'attelle à la charrue. Le Sanglier est nuisible; il ravage surtout les champs de pommes de terre; c'est un beau gibier, assez agréable à manger, surtout la hure. Le Pécari d' Amérique est une sorte de petit sanglier, haut sur pattes; à mâchoire blanchâtre ayant les doigts du tapir: 4- 3. Très exact le surnomé Cochon-cerf appliqué au babiroussa de l'Inde et des Molusques; l'animal est élancé comme le cerf; ses 2 défenses se redressent. Très bizarre le phacochère africain, trapu, avec des loupes sur les joues, et 4 longues défenses recourbées pour attirer les branches.

X^è Ordre : Ruminants.

1.- Rumination .- Ruminer, c'est remâcher, remanger.
Avaler très rapidement la première fois, les aliments vont simplement s' emmagasiner dans l'estomac. Ensuite ils remontent dans la gueule; ils y sont

longuement triturés, et ils redescendent pour être définitivement digérés. Cette
complication provient du caractère craintif des ruminants et de la difficulté
qu'éprouve les véritables herbivores à transformer en sang des feuilles, des her-
bes. La dentition des plus connus est fort incomplète: pas de canines, pas d'incisives en haut, mais 8 petites en bas $\frac{8}{8}$; en revanche, 24 robustes molaires ,
total $52 = \frac{0}{8}i$, $\frac{0}{0}c$, $\frac{6}{6}m$. L'estomac est quadruple, subdivisé en 4 poches: panse
et bonnet, feuillet et caillette.

      Toujours aux aguets, redoutant l'attaque des carnassiers, le ruminant
avale à la hâte les aliments coupés par ses incisives ou arrachés avec sa longue
langue. Les bouchées épaisses descendent le long de l'oesophage, forcent l'entrée
d'une boutonnière et s'accumulent dans le plus vaste compartiment, la panse aidé
d'un petit annexe, le bonnet. Dès que son magasin est rempli, lesté de ses provisions, l'animal gagne sa retraite et, désormais rassuré, se met véritablement à
manger; il rumine. Une simple contraction du diaphragme fait remonter les bouchées
dans la gueule; elles sont longuement insalivées et triturées, les molaires étant
de véritables meules dont les replis s'engrènent par le mouvement latéral, horizontal de la mâchoire inférieure. Devenue molle, fluide, la nourriture glisse dans
l'oesophage, coule devant la boutonnière sans y pénétrer, et suit les bords d'une
gouttière qui la conduit dans le feuillet, d'où elle passe dans la caillette.
Cette 4ème poche est le véritable estomac chimique, car ses parois logent les
glandes stomacales qui sécrètent le suc gastrique. Tant que le jeune ruminant

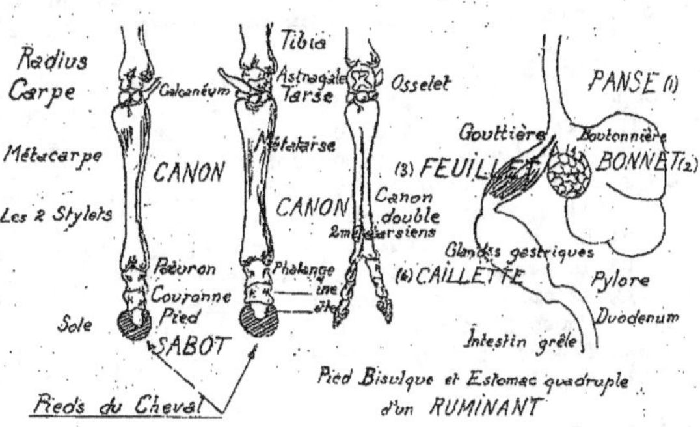

est allaité, il ne possède que la caillette (les autres poches sont encore rudimentaires) et c'est là que commence la digestion du lait, préalablement caillé,
coagulé. Pour faire cailler rapidement une énorme quantité de lait , le fabricant
de fromages utilise la caillette de l'agneau ou du veau macérée dans de l'eau vi-
naigrée (Présure). C'est surtout dans les longs replis de l'intestin grêle, qu'est
digérée la nourriture végétale; ils ont 28 mètres chez le mouton, 50 chez le
boeuf. Les ruminants sont bisulques; leur pied est fourchu composé de 2 doigts;
le sabot est double, fendu, avec une sorte de semelle chez le chameau . Le canon
résulte de la soudure de 2 os. Presque tous ces êtres ont une course rapide, qui
les dérobe à la poursuite des carnassiers.

              Tableau ....

	Tribus	Genres	Espèces
(1) CORNES creuses, persistantes: aux deux sexes. Pas de canines.	Bovidés	Boeuf : Buffles, Bison. Mouton : Mouflon. Chèvre : Bouquetin. Antilope: Chamois, Gazelle.	
(2) CORNES pleines, Caduques (Bois)		aux Mâles : Cervidés : Cerf, Daim, Chevreuil, Elan, aux 2 sexes: Renne.	
(3) Petites cornes velues		aux 2 sexes: Girafe (Afrique)	
(4) Pas de Cornes (mais des canines)		Dentition incomplète: Chevrotains: Port-Musc. Dentition complète: Camélidés: Chameau, Lama.	

II - **Cornes** - Presque toutes ces bêtes pacifiques sont dépourvues de canines, mais armées de cornes redoutables. Aux Indes on fait lutter le buffle et le tigre enfermés dans une cage. Si le buffle comprend qu'il ne doit pas songer à fuir, il fond sur son adversaire, et souvent le transperce, vainqueur, dans un duel qui nous semble tout d'abord inégal. Il y a quelques années ce plaisir barbare fut offert en Espagne: un taureau éventra successivement un lion et un tigre.

Dans la majorité, les cornes creuses persistantes, arment toujours le front des 2 sexes; comparables au sabot, c'est un étui épidermique qui entoure un axe osseux. Au contraire les cornes du cerf ou "bois" sont pleines et caduques, elles tombent à la fin de l'hiver pour repousser avant l'automne plus longues et plus belles: d'abord munies de nouvelles branches, andouillers, ensuite avec l'empaumure ornée d'une nouvelle pointe, ce qui permet de préciser l'âge de l'animal (cerf dix-cors). Les biches sont privées de cette arme, sauf celle du renne.— Aux ruminants dépourvus de cornes la nature a donné par compensation, de fortes canines; elles s'allongent en défenses supérieures chez le porte-musc, chevrotain qui produit le véritable musc dans une petite poche ventrale. Les Camélidés, dont la lèvre supérieure est fendue, ont des incisives aux 2 mâchoires, seuls ruminants dont la dentition soit complète.

III - **Utilités** - Aucun ordre n'est aussi utile que celui à qui nous devons tant d'animaux domestiques et des gibiers de luxe. La chair des ruminants est la base de notre alimentation; leur lait est une ressource précieuse dont nous tirons le beurre et le fromage; beaucoup nous donnent une toison de laine fine: mérinos, acclimatés en Australie; chèvres d'Angora et de Kaschmyr. On utilise comme bêtes de somme, le boeuf, le buffle, le zébu indien, le yack tartare, le lama américain. Quand au renne et au chameau on doit dire que le premier est la providence du Nord, tout comme le second est la meilleure ressource de l'Afrique septentrionale et du Sud-Ouest de l'Asie; tous deux très sobres, le renne trouvant sous la neige les mousses et lichens qui lui suffisent; le chameau emmaganisant de l'eau, pour plusieurs jours dans les cellules de 2 poches spéciales reliées à son estomac. L'espèce propre à la Perse a 2 bosses: l'autre une seule, réserve de graisse, provision de combustible vital qu'épuisent les fatigues. Au retour du voyage à travers le désert la bosse pend flasque, vide. On nomme dromadaire ou méhari le chameau dressé comme coursier, et non bête de somme: pendant plusieurs jours il parcourt 50 lieues portant son cavalier.

En fait de grands Ongulés l'Amérique n'a que l'Elan, le Bison, et l'Ovibos musqué à tête de bélier; elle n'a pas l'éléphant,le rhinocéros, l'hippopotame, la girafe, le chameau. Elle utilise les services restreint du lama et la fourrure frisée d'espèces sauvages: vigogne, alpaca. On chasse dans les Alpes et les Pyrénées le bouquetin, et le chamois: en Corse et en Algérie, le mouflon, la gazelle (chasse au faucon). Aux Indes, le Tchikara est orné de 4 cornes. En Afrique vivent d'énormes antilopes: le Canna, le Gnou;comme elles préfèrent aux plantes sauvages noe végétaux cultivés, elles dévastent les plantations, et c'est ici qu'apparaît le role modérateur de quelques carnassiers.

NOTA -

Voici venir le moment de commencer trois tableaux, d'importance très inégale, et que l'on tiendra au courant désormais , à chaque leçon: les deux premiers à la fin du cahier de l'élève, le troisième sur feuille volante double.

I° Un tableau où soient inscrites les appellations spéciales du cri des animaux: Exemple le lion rugit, le chat miaule, le loup hurle, l'ours grogne, le chien aboie et jappe, l'éléphant barit, le boeuf mugit, l'agneau bêle, le cerf brâme, etc.

2° Tableau des noms donnés à certains parents et à leurs petits: en voici le début :

Espèce	Père	Mère	Petits	
Lion	Lion	Lionne	Lionceau	
Loup	Loup	Louve	Louveteau	
Cheval	Etalon	Jument	Poulain	Pouliche
Ane	Etalon	Anesse	Anon	
Boeuf	Taureau	Vache	Veau	Génisse
Mouton	Bélier	Brebis	Agneau	
Chèvre	Bouc	Chèvre	Chevreau	
Cerf	Cerf	Biche	Faon	
Porc	Verrat	Truie	Pourceau	
Sanglier	Sanglier	Laie	Marcassin	

3° Tableau de la répartition géographique des Vertébrés. J'ai publié à la Librairie Delagrave, Des Cadres vides à remplir, et le résumé qui sert de guide; on trouvera un tableau plus complet dans mon tome Ier, page 124.
Voici un exemple :

ORDRES	Europe	Asie et Malésie	Afrique	Amérique	Océanie (Australie)
"	"		"	"	
IX. Porcins	Porc Sanglier	Babiroussa	Phacochère Hippopotame	Pécari	Porc papou

XXIIe L E Ç O N

IIIe Division : Mammifères aquatiques (3 ordres)
et inférieurs (3 ordres)

(I) Mammifères aquatiques

Ils vivent dans la mer et les grands fleuves. Leur corps, allongé en fuseau pour fendre l'onde, est allégé par une couche épaisse de lard qui les protège contre le froid. Les pattes sont courtes et palmées: ou même converties en nageoires. On fait une chasse acharnée à ces êtres, surtout au Nord, afin d'utiliser leur chair, leur graisse que l'on fond en huile, leur peau, quelques fourrures, et l'ivoire de plusieurs. Les peuples civilisés ont réglementé ces grandes pêches pour éviter l'anéantissement d'une ressource qui devenait de plus en plus rare. Trois ordres: le Ier très supérieur.

XIe Ordre : Phoques.

Carnassiers marins; intelligents à cerveau développé, à dentition de carnivore, dont les fortes canines se recourbent en défenses chez le morse. Les 4 membres sont courts et bien palmés, surtout ceux de derrière: l'animal nage et plonge à merveille, mais il se traîne difficilement sur le rivage et sur les glaçons: amphibies.

1° Les phoques proprement dits sont privés de conques ou oreilles externes. On recherche la peau marbrée du Veau marin. La Méditerranée possède le Moine, à ventre blanc. Sur les Côtes de Californie, on poursuit l'Eléphant marin (10 m.) qui dresse une petite trompe de tapir.

2° Les Otaries ou phoques à oreilles ont des conques. Leurs membres sont assez longs pour leur permettre d'accomplir en bondissant des promenades à terre. Le Lion marin (4m) du Pacifique est orné d'une crinière et rugit. C'est surtout au Kamschatka que l'on chasse l'Ours marin à cause de la beauté de sa fourrure.

3° Les Morses, ou vaches marines vivent aussi dans les régions polaires; leurs canines supérieures se recourbent en défenses qui atteignent 70 cm. Ils vivent en sociétés sous la conduite d'un chef. On admire leur amour maternel et le courage avec lequel ils s'élancent au secours d'un camarade blessé : aussi leur chasse est-elle fort dangereuse.

XIIe Ordre : Sirénides.

Cet ordre ne renferme que trois humbles bêtes herbivores, un peu difformes: munies de deux nageoires, aux ongles courts, qui représentent les membres antérieurs. Ainsi pas de membres postérieurs et bassin rudimentaire. Et cependant les Sirénides aiment à se trainer sur le rivage pour brouter l'herbe. Ils vivent surtout de plantes marines. Leur régime, leur estomac compliqué, leur dentition très incomplète, les rapprochent des ruminants. Le lamantin (5 m.) vit en troupes à l'embouchure des grands fleuves du centre de l'Amérique; sa chair est assez agréable; il est question de parquer ces animaux, de les élever dans de grands bassins au bord de la mer. Le Dugong (3 m.) , de l'Océan Indien, est surnommé "Sirène" parce que il pousse un cri monotone , ne rappelant guère le chant mélodieux des sirènes de la Fable, d'où le nom donné à l'ordre. Il a deux incisives sup: ieures allongées en défenses. Le Rythine de la mer de Behring, devient de plus en plus rare: la grande espèce a disparu au commencement de ce siècle.

XIII^è Ordre : Cétacés.

Ils ont pour type la baleine (cétos). Toujours dans l'onde, ils nagent avec deux nageoires, aux nombreuses phalanges, dépourvues d'ongles. Pour que l'eau ne pénètre pas dans les poumons , le larynx se soulève en cône dans les fosses nasales, terminées, au sommet de la tête, par 2 narines ou évents. Des provisions d'air leur permettent de plonger près d'une heure. Le souffle que les évents rejette est une haute gerbe de vapeur condensée avec quelques gouttelettes d'eau. Comme les deux évents de la baleine sont écartés, tandis que ceux du cachalot sont très rapprochés, on reconnaît de fort loin ces deux monstres marins, celui-ci ne lançant qu'un seul jet, et celui-là deux. Le pêcheur se prépare en conséquence, car les deux pêches ne sont pas identiques: celle de la baleine est moins périlleuse que celle du cachalot, armé de dents redoutables.

La baleine privée , de dents, possède un millier de fanons, arcs élastiques, (6 m.) frangés de soie qui pendent de la voûte du palais. Quand elle ouvre son immense gueule, elle la remplit d'eau et de menues proies, poissons, mollusques, crustacés: puis elle rejette cette eau qui filtre à travers les soies des fanons, tandis que les petites victimes demeurent emprisonnées dans ce vaste tamis. Les grosses proies ne peuvent pénétrer dans sa gorge étroite; l'oesophage n'a que quelques centimètres. Parfois l'Océan est rougi sur une étendue de plusieurs lieues par une multitude de petits mollusques: (clios, hyales) et de crustacés; c'est ce que les pêcheurs nomment la "Boëta"; c'est là qu'ils surprendront la baleine, interrompant par une mort cruelle, son succulent repas. La grande espèce, dite franche, dépasse 30 mètres et pèse 150.000 kilogrammes: La valeur de cette capture est d'environ 6.000 francs. Or fond la graisse en huile, et l'on utilise l'élasticité des fanons: baleines pour parapluies. Le bénéfice annuel d'un bâtiment dépasse un demi-million (Lire les grandes Pêches. Noble chasse avec le harpon et la lance: extermination lugubre avec la balle explosible et les poisons). La baleine australe est noire. Sur nos côtes de Provence échouent quelques Rorquals, au ventre plissé.

Le Cachalot (25 m.) possède une énorme tête qui représente le tiers de l'animal: elle est armée de dents terribles, et allégés par une huile qui se fige hors du corps en une cire de luxe , nommée à tort "blanc de baleine". Les cachalots vivent en troupe sous la conduite d'un chef; leur pêche est très dangereuse; l'animal blessé coupe une barque d'un seul coup. Les bandes carnassières des Dauphins et des Marsouins aiment remonter le cours des grands fleuves; ces êtres ont une centaine de dents pointues. Leurs ennemis les plus acharnés sont les Orques (10 m) et le Narval (7 m.); celui-ci n'est armé que d'une seule dent, mais elle a 4 m. épée d'ivoire qui perce souvent la baleine et, parfois, la barque des pêcheurs.

Ne confondez pas ces êtres avec les poissons. Que de différences entre une baleine et un requin. La première allaite son petit avec tendresse; elle respire comme nous l'atmosphère avec des poumons; son sang est aussi chaud que le nôtre, 38°; son coeur a 4 cavités, sa queue se termine par une nageoire horizontale. Le requin abandonne ses oeufs, son intelligence est inférieure, il respire avec des branchies l'air dissous dans l'eau; son sang est relativement froid 20 à 25°, son coeur ne représente que la moitié droite du coeur des mammifères, sa queue dresse verticalement 2 lobes fort inégaux.

(2) **Mammifères inférieurs (3 ordres)**

Animaux peu intelligents, au cerveau lisse, offrant certains caractères d'infériorité; très peu habitent l'ancien continent.
Ils vivent en Australie et en Amérique.

XIVe Ordre : Edentés.

Les uns sont privés des dents de devant; ils n'ont ni incisives, ni canines. Les autres sont complètement édentés, dépourvus de molaires. Ils vivent de fruits et d'insectes. Presque tous sont très faibles, très lents. Pour les protéger, la nature leur a donné les griffes longues et tranchantes (avec lesquelles ils peuvent fouiller la terre, et déraciner les plantes) et elle a revêtu quelques-uns d'une épaisse cuirasse d'écailles. Presque tous en Amérique.
Parmi ceux qui sont incomplètement édentés: le Paresseux rappelle certains makis qui grimpent péniblement; l'Unau a 2 doigts, l'Aï en a 3: ne pas le confondre avec l'Aye-Aye. Le Tatou cuirassé, se roule en boule comme le hérisson; il possède une centaine de molaires arrondies; voilà qui est suffisant pour un "édenté" Au Cap, société d'Orcytéropes, ayant le groin du porc et les oreilles du lièvre.
Ceux qui sont complètement édentés dardent une longue langue gluante, pour attraper les insectes: tels sont les fourmiliers, au museau de tapir; le Tamanoir (1 m 30) est friand de termites, curieux insectes surnommés "fourmis blanches". Les Pangolins ont une cuirasse d'écailles, aux bords tranchants (Afrique, Inde). - La Géologie vous montrera un grand nombre d'édentés géants en Amérique: le Mégathère, le Mylodon; quelques-uns cuirassés, le Glyptodon, le Schistopleuron.

XVe Ordre : Marsupiaux "a bourse"
(ou sous-classe des Didelphes.)

Ils naissent trop tôt, trop faibles. La mère les place dans une poche où débouchent ses mamelles: "la bourse marsupiale" soutenue par les deux os marsupiaux. Les petits sont allaités, et couvés dans cet abri qu'ils ne peuvent quitter pendant plusieurs mois; 8 pour le grand kanguroo. le nom de Didelphes signifient qu'ils naissent deux fois. Devenus grands ils se réfugieront au moindre danger dans le sein maternel. (Relire la jolie fable de Florian). Sauf les Sarigues, petits carnassiers d'Amérique, tous les marsupiaux vivent en Australie; or, ils sont très nombreux, très différents les uns des autres, subdivisés en groupes supérieurs à des tribus et comparables aux premiers Ordres (monodelphes) que nous venons d'étudier. Ainsi les phalangers ressemblent aux makis et parmi eux le Pétauriste volant possède un parachute comme le galéopithèque; chez plusieurs la queue est prenante comme celle du sapajou. D'autres sont carnivores; le Thylacyne, comparable à un loup zébré; le Dasyure, analogue au putois. Les plus nombreux sont des insectivores: les Myrmécobies; le Tarsipède, semblable à la musaraigne. On connaît des rongeurs: le Wombat a les allures lourdes de la marmotte Le mieux connu est un herbivore, dont la chair est agréable, et la chasse fort amusante: le Kanguroo; telle espèce atteint la taille de l'homme: telle autre celle d'un rat. C'est le type de l'être qui bondit, en s'appuyant sur sa robuste queue. Sur les trois doigts, celui du milieu est très vigoureux. Attaqué par les chiens du chasseur, l'animal se défend courageusement.

XVI^è Ordre : Monotrèmes ou Ornithodelphes
(Oiseau Naissance(d')

Ce sont deux humbles mammifères d'Australie qui possèdent quelques caractères inférieurs de l'oiseau. Et d'abord l'oeuf; ils pondent des oeufs. Ils ont un bec corné. Le mâle possède l'ergot du coq. L'épaule est renforcée par un troisième os, le carocoïde. Leur nom de Monotrèmes signifie qu'ils ont le cloaque de l'oiseau, c'est-à-dire un seul orifice pour trois fonctions: la ponte, l'urination les déjections.

I° L'Ornithorhynque (Ornitos, oiseau; rhynque, bec) est muni d'un large bec de canard, aux dents cornées, pour trouver dans la vase les petites proies et les graines; ses pieds palmés révèlent sa vie aquatique; sa fourrure rousse est assez belle. On le surnomme"taupe de rivière ".

2° L'Echidné a le corps hérissé de dards, et un très long bec dépourvu de dents. Ses ongles fouisseurs lui permettent de trouver dans le sable les insectes et autres petites victimes. Il a plusieurs poches marsupiales, médiocrement conformées et inutiles.

Ainsi la faune australienne est caractérisée par l'absence des mammifères supérieurs et la prédominance des inférieurs, marsupiaux et monotrèmes, aux formes bizarres, lourdes , inélégantes.

XXIII^è L E Ç O N

2ème Classe des Vertébrés : Les Oiseaux.

I - Les Oiseaux sont des vertébrés supérieurs, bien doués couverts de plumes, organisés pour voler avec deux ailes qui représentent les membres antérieurs. La forme générale est celle d'une carène de vaisseau, d'un "navire aérien" destiné à fendre l'air. Les côtes sont immobiles et robustes; le sternum se prolonge par une véritable proue, le bréchet. L'épaule est très forte; en arrière l'omoplate; en avant la clavicule qui s'unit à l'autre en "fourchette" et au-dessous, le coracoïde fortement soudé au sternum. L'Aile est formée d'un bras (humérus) d'un avant-bras (cubitus et radius), d'un carpe petit et d'une sorte de "main" modifiée; un métacarpe double (de 3 os soudés) porte 3 doigts, le grand, le petit, et le crochet ou pouce. On nomme pennes rémiges(rames) les 25 grandes plumes du vol: I5 secondaires à l'avant-bras et I0 primaires à la main; quelques bâtardes au pouce et des scapulaires au bras. La queue sert de gouvernail et de balancier; elle comprend I2 pennes rectrices. L'oiseau vole en frappant avec ses ailes étalées l'air qui réagit et le repousse, à peu près comme le poisson nage en fouettant l'eau qui réagit. C'est d'abord une propulsion active, puis un glissement passif en cerf-volant, qui se prolonge beaucoup chez les bons voiliers à large envergure: frégate (4 m.) Les rares oiseaux qui ne volent pas, n'ont pas de bréchet: autruche. L'aile devient nageoire chez le pingouin, le manchot; seul

l'aptéryx est dépourvu d'ailes: A (privatif, absence de) ptère: aile. La jambe
n'offre rien de spécial : une cuisse (fémur) une jambe (tibia et péroné) un tarse

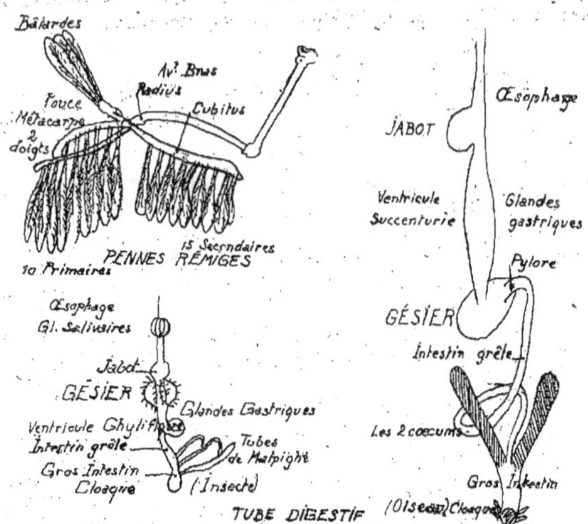

rudimentaire; un long métatarse ou canon que le vulgaire prend pour la jambe,
surtout quand il est dénudé: puis 4 doigts. L'interne qui correspond au pouce,
se dirige en arrière; il a 2 phalanges; les autres qui se dirigent en avant, en
ont 3, 4, 5. Chez les grimpeurs le doigt ext. se dirige, lui aussi, en arrière:
perroquet, hibou. Bref soit 3 - 1 soit 2 - 2.
     La majorité des oiseaux est intelligente, bien que le cerveau soit
lisse, avec 2 gros lobes optiques. La sensibilité du corps est extrême, surtout
chez les pigeons voyageurs. Lorsque le bec est un peu mou il est sensible. La vue
est le sens dominant: un faucon qui plane se laisse tomber comme une balle sur
sa petite proie aperçue dans l"herbe. L'œil est nettoyé fréquemment par une
3ᵉ paupière dite clignotante: il est accommodé brusquement aux distances et d'un
seul côté par une dépendance de la choroïde, le peigne. L'ouïe est parfaite ,
bien que le tympan affleure sous la peau; beaucoup d'oiseaux sont d'excellents
musiciens (concours de serins en Hollande) Ils ont deux larynx aux deux bouts
de la trachée-artère, et c'est l'inférieur qui est le mieux organisé: certains
volatils crient après qu'on leur a coupé la tête. Quand la langue est charnue,
l'oiseau peut imiter la parole humaine: perroquet, sansonnet. Ce sont précisément
ceux chez lesquels le goût est le mieux développé. En général la langue étant
sèche n'apprécie guère les saveurs. Le sens de l'odorat est médiocre.

     II - Organes de nutrition -
     1° Digestion. La forme du bec et des pattes révèle le régime, soit grani-
vore (pigeon) insectivore (rossignol), carnassier (faucon), omnivore (corbeau).
L'oiseau mange très vite et souvent, son bec est dépourvu de dents. L'estomac
est triple: 1° Un jabot qui rappelle la panse; 2° Un ventricule succenturié,
ou estomac chimique, à suc gastrique, qui rappelle la caillette; 3° un gésier,
médiocre chez les carnivores, énorme et broyeur chez les granivores, qui facili-
te son rôle masticateur en avalant des grains de sable. A la jonction de

à l'intestin grêle avec le gros intestin, 2 coecums chylifiques contribuent à la digestion en venant en aide au premier. Cloaque commun à trois fonctions : ponte, urination, déjections.

2° Respiration. L'oiseau respire énormément, le double des mammifères. Ses poumons communiquent avec de grands sacs, réservoirs d'air: 9 à II. En outre, l'air circule dans les os longs, creux, dépourvus de moëlle. Il en résulte que le corps plus léger, vole plus aisément, et que l'oiseau peut s'élever dans les régions raréfiées qui sont mortelles aux autres êtres; le condor qui plane sur les Andes, dépasse 10.000 mètres; l'homme meurt à 8.500 mètres. Cette grande consommation d'oxygène et toute l'activité vitale extraordinaire des oiseaux expliquent leur chaleur élevée, de 42° à 45°, température qui doit demeurer constante. Le corps est couvert d'un chaud duvet, édredon qui s'épaissit à l'automne au-dessous du beau plumage, plus brillant chez les mâles. Même circulation que chez nous: sang à globules ovales et non circulaires.

III — Ponte - Les oiseaux pondent des oeufs d'autant plus nombreux que l'espèce est plus faible: tandis que l'aigle soigne 2 petits dans son aire, la perdrix en abrite 16 dans le sillon où elle niche. La majorité prépare soigneusement un nid qui est souvent une merveille, capitonné de duvet végétal ou de celui de l'oiseau (édredon de l'eider). Admirez et respectez les bijoux tressés par nos chanteurs ailés: fauvette, rossignol, rouge-gorge, chardonneret. Une mention spéciales à quelques nids: la mésange penduline confectionne un logis de feutre, muni d'une étroite ouverture; le Tailleur taille dans une feuille le coquet abri qu'il enroule et coud solidement; le Cassipe brode une bourse noire en crin végétal; le Tisserin habile vannier, tresse 2 petites huttes; la mère se tiendra dans l'une, immobile sur ses oeufs; le mâle se perchera sous l'autre et charmera sa compagne par ses mélodies. C'est l'époque où le chant redouble de suavité. On mange le nid d'algues confectionné par la Salangane, hirondelle d'Asie. Plusieurs oiseaux s'associent pour protéger en commun leur petite famille; les Républicains s'abritent sous un large parasol (Afrique), beaucoup d'espèces du Nord forment dans les îles désertes de très curieuses sociétés: eider, cormoran, pingouin.

Oeufs . Sa région essentielle est le futur oiseau, le germe ou embryon: une simple petite tache, comme un coup d'ongle, la Cicatricule, à peine visible sur l'ensemble du vitellus et du jaune. Cette masse jaune, huileuse, légère, est entourée par le blanc ou albumen, formé en couches concentriques (au sein d'un long canal) et elle y est maintenue par 2 cordons ou chalazes qu'a déterminés la torsion. Les 2 feuillets de la membrane externe se séparent au gros bout pour délimiter la chambre à air. Le tout est protégé par une coquille, calcaire et poreuse, que l'air traverse. Le futur oiseau, le germe, se développe en absorbant toutes ces provisions: vitellus, blanc, jaune, air et même un peu de la coquille. Mais la chaleur est indispensable, c'est pourquoi l'oeuf est couvé.

Ainsi le poulet exige pendant 21 jours une température de 40 à 42 degrés. Quelques pères partagent ce soin avec la mère: autruche. Quand la petite famille est éclose, commence son éducation. Elle est facile si les oiselets sont précoces, c'est-à-dire capables de manger seuls au sortir de l'oeuf: poussins, canetons. Elle est difficile mais embellie de mille soins, quand les petits naissent très faibles et ont besoin de recevoir la becquée maternelle : hirondelle, serin. Les pigeonneaux sont nourris par leurs deux parents. Dans les pays chauds, on usit des incubations artificielles au sein de sable chaud ou d'un four, surtout pour les oiseaux précoces de la basse-cour: l'autruche en Algérie. Le Talégelle d'Australie place ses oeufs sous un monticule de feuilles dont la fermentation détermine l'éclosion.

IV - Utilités - Les oiseaux nous rendent de très grands services.

I° En qualité d'insectivores. On doit respecter les oiseaux au printemps,si-non pas de récoltes, ni pain, ni vin, ni fleurs, ni fruits.Une règlementation in-ternationale précise les êtres qu'il faut respecter, presque tous. Les petits oi-seaux dévorent insectes et escargots, les grands dévorent mulots et serpents. On condamne à une forte amende celui qui tue une cigogne en Alsace.

2° Beaucoup d'oiseaux sont la richesse de la basse- cour ou ils nous donnent leurs oeufs, leurs plumes, leur chair: poule, canard, oie, dindon, pigeon. Beau-coup constituent un gibier succulent: faisan, perdrix, sarcelle. En Algérie et au Cap on élève l'autruche. Nous chassons en automne les petits granivores gonflés et parfumés de nos meilleurs fruits: grive, vanneau, ortolan.

Plusieurs espèces accomplissent de nos grands voyages réguliers des migrations périodiques, pour trouver nourriture et chaleur. Avant leur départ elles font des provisions de graisse et, par suite, de force, d'énergie (caille). Sous ce rapport notre France est privilégiée, car elle accueille au printemps les joyeux chanteurs et les utiles insectivores qui lui reviennent du Midi: et elle reçoit en automne, des gibiers estimés qui descendent du Nord chassés par la famine et le froid: bé-casse, canard sauvage, outarde.

Pour enrichir la basse-cour et la volière, on a réussi certaines Acclimatations et l'on en essaye d'autres. Nous ne possèdons que depuis 2 siècles le dindon, ori-ginaire d'Amérique, et la pintade née au nord de l'Afrique. On vient d'acclimater le colin, le goura. On s'occupe, surtout en Hollande, des hocco, marail, lophopho-re, etc., oie bernache, céréopse, canards carolin et mandarin.

3° Utilités spéciales.- Le Pigeon messager possède le sens de l'orienta-tion; entre autres motifs, l'extrème sensibilité de ce petit être. Transporté à de des centaines de lieues il retourne à son nid avec une rapidité extrème, faisant plus de vingt lieues par heure. C'est un télégraphe vivant que l'administration de l'armée utilise (colombiers militaires): ce doux symbole de paix serait précieux en temps de guerre: il l'a été. Dans l'Afrique du Nord on dresse le faucon à chas-ser la gazelle;au moyen âge on employait aussi l'épervier contre les menues proies En Chine le Cormoran pêche au profit de son maître. Dans l'Amérique du Sud l'Agami remplace le chien de berger en surveillant les moutons, ou bien il fait régner la paix au sein de la basse-cour. Le Serpentaire du Cap et le Kamichi détruisent les serpents venimeux; on cherche à les acclimater aux Antilles contre les terribles vipères jaunes. Très peu de restrictions à ces utilités de l'oiseau: les rapaces détruisent les petits oiseaux: ils s'attaquent à la basse-cour et aux garennes. L'aigle emporte l'agneau, le faon. Il faut protéger les viviers contre l'appétit du héron et du pélican. A l'époque des semailles, les granivores sont nuisibles. Sauf ces exceptions le corbeau, le geai, toute la classe des oiseaux est extrême-ment utile.

XXIVᵉ L E C O N

Classification des Oiseaux.

Elle est basée sur leur genre de vie et leur régime, révélés par la forme du bec et des doigts, par la longueur des ailes et des jambes. On divise cette classe en 6 ordres.

I.   I.- Rapaces.-
Diurnes (Aigle, Faucon). Nocturnes(Hibou, Chouette).
           II.- Passereaux.
Moineau (Passer), Grive, Rossignol, Colibri, Calao.
           III.- Grimpeurs.
Pic, Torcol, Toucan, Perroquets: Ara.
           IV.- Gallinacés.
Coq (Gallus), Faisan, Dindon, Perdrix. Pigeons.
           V.- Echassiers.
Autruche, Casoar, Outarde, Héron, Cigogne.
           VI.- Palmipèdes.
Canard, Cygne, Pélican, Frégate, Grèbe, Manchot.

                Ier Ordre - Rapaces -
                ───────────

        On devine des carnassiers à leur bec crochu, dont l'extrémité est nommée dent
et en voyant la force de leurs serres qui étouffent et déchirent les proies. Les
plus grands sont nuisibles en attaquant la basse-cour, la bergerie et en détrui-
sant les petits oiseaux; les petits rapaces, au contraire, sont utiles, en nous
débarrassant de bêtes malfaisantes: souris, mulots, serpents. Le nid ou aire est
médiocre.

        I° Les diurnes chassent pendant le jour; leur tête est bien proportion-
née, les yeux sont écartés, la forme du corps est élancé, tout l'être respire la
hardiesse. Leur roi est l'Aigle. Puis viennent le balbusard, ou aigle-pêcheur, le
faucon et l'épervier que l'on dresse, l'autour très haut sur pattes, le milan peu
courageux.
        Le Gypaète est aussi nuisible que l'aigle. Le Serpentaire du Cap, au contrai-
re, détruit les serpents venimeux; on l'acclimate à la Jamaïque; il est surnommé
messager, ou secrétaire (une plume dressée à l'oreille). Moins noble que les précédents, le Vautour se contente de débris, comme la hyène; toutefois le Condor de
des Andes, qui plane à 10,000 mètres, ose attaquer le cerf.

        2° Les rapaces nocturnes chassent au crépuscule et au clair de lune,
mais non pas dans la nuit noire. Leur tête est énorme; ils ont 2 yeux énormes,
très rapprochés, à large pupille, éblouie par le soleil. Un plumage terne, épais,
soyeux, permet ce vol silencieux qui surprend leurs victimes. On les considère
comme utiles parce qu'ils dévorent souris, mulots, campagnols, vipères; mais les
grandes espèces attaquent la volaille, les lapins de garenne; et tous ces rapaces
sont friands de petits oiseaux. Aussi ces derniers les ont-ils en horreur: ils
les houspillent en plein jour. Le chasseur en profite pour attirer les petits oiseaux en attachant une chouette à portée de son fusil: chasse à la pipée. Les
plus grands, hiboux ou ducs, ont l'oreille ornée d'une aigrette qui manque aux
chouettes. Le chat-huant niche dans le tronc des arbres, le grand-duc dans les
rochers, la chevêche dans les ruines abandonnées. La Hulotte était consacrée à
Minerve (Athènes). Une caractéristique de ces êtres, c'est la couleur de l'iris;
jaune chez le petit-duc, orangé chez le moyen, rouge chez le grand-duc. On les
compare au chat pour plusieurs raisons: ils mangent des souris, la pupille est
très dilatable; le hulement rappelle certains miaulements.

II^è Ordre : Passereaux (Moineau : Passer).

Une multitude de petits oiseaux très différents les uns des autres. Les uns sont des carnassiers: pie-grièche, lanier, gobe-mouches. A leur bec dentelé, dont la mandibule supérieure est ornée d'échancrures (dentirostres) on reconnait les utiles insectivires et, parmi eux, les gracieux becs-fins, nos meilleurs chanteurs : rossignol, fauvette, mésange. Certains oiseaux ont un bec court et large très fendu, pour happer les insectes au vol: hirondelle, engoulevent. Les Conirostres ont un bec robuste, conique, pour ouvrir les graines: moineau, bouvreuil, pinson, gros-bec. La majorité de ces oiseaux est omnivore, croquant les insectes au printemps (les respecter tous en cette saison) mangeant fruits et graines à l'automne; en général un bec long et solide: corbeau, merle, grive, sansonne, pie, loriot. Lorsque le bec est très long et mince, l'oiseau est plutôt insectivore: Huppe, Grimpereau et ces mignons diamants, le Colibri au bec courbe, l'oiseaumouche au bec droit, les souis-mangas de l'Inde, vivant parfois du nectar des fleurs Un dernier groupe comprend ceux dont le bec est à la fois grand et léger: le Martinpêcheur plonge à la poursuite des insectes aquatiques et des poissons; 2 de ses doigts sont soudés. Le Calao de l'Inde et d'Afrique est un gros oiseau bizarre qui possède un énorme bec dentelé.

III^è Ordre : Grimpeurs

Pour mieux grimper ils ont 2 doigts dirigés en avant et 2 en arrière 2 - 2; ils s'aident de leur bec, gros et robuste, et ils se tiennent appuyés, presque assis sur une queue courte et forte. Le Pic perce l'écorce des arbres, et sa longue langue englue les insectes. Le Torcol fait de même. Le Coucou détruit les chenilles. Tous trois sont très utiles aux forêts. Le Toucan est énorme, dans le genre du calao.

La curieuse famille des Perroquets est granivore: oiseaux des pays chauds, très intelligents, adroits préhenseurs; leur gros bec casse les amandes les plus dures et aide l'animal à grimper. La langue, charnue, apprécie bien les saveurs et permet d'imiter la parole humaine. Amusant en captivité, le perroquet est charmant à l'état sauvage. Les plus connus sont: le Jaco ardoisé, d'Afrique; il vit près d'un siècle. Le Cacatoès à huppe, et le mignon Lori, d'Océanie. La Perruche, verte, ondulée, "inséparable", de l'Australie. Les splendides Aras et Amazones, d'Amérique.

IV^è Ordre : Gallinacés (Coq : Gallus)

Les gallinacés proprement dits, qui ont pour type le coq, volent lourdement avec bruit, et nichent bas; leurs pattes robustes courent bien et grattent le sol pour y trouver des insectes et des graines.Les mâles sont magnifiques, ornés d'une crête, armés d'ergots. De 12 à 15 oeufs dans un nid médiocre; les petits, précoces, mangent seuls au sortir de l'oeuf. Ces oiseaux sont la richesse des basses-cours e des faisanderies; plusieurs constituent un gibier de luxe.

1°. Le Coq (poule., poussins); chaque année, la France exporte, principalement en Angleterre, 600 millions d'oeufs. Belles races de Houdan, Crèvecoeur; poulets du Mans, de la Bresse. Nos ancêtres avaient 2 emblèmes; l'alouette, symbole de vigilance et de gaîté; le coq, type de hardiesse (Gallus: Gaule, Gaulois). Sont originaires d'Asie: les Faisans, le Paon, l'Argus aux mille yeux, le Lophophore. L'Europe ne possède que depuis 2 siècles la Pintade venue du Nord de l'Afrique, et le Dindon, originaire du Mexique (coq d'Inde, c'est-à-dire des Indes-Occidentales). On s'occupe d'acclimater 2 autres américains: Hocco et Marail. L'Australie possède le

Mégapode et le Talégalle, dont les nids sont exceptionnels. Parmi les gibiers les plus estimés: "le coq de bruyère, la gélinotte, le lagopède blanc du Nord, la perdrix, la caille, le colin de Californie bien acclimaté ".

Un 2é sous-ordre, très différent, est celui des Pigeons; ils volent fort bien. Les 2 petits, très faibles, sont nourris plus d'un mois par les 2 parents qui leur préparent la becquée, et produisent une sorte d'humeur laiteuse comparable au lait. Grâce au sens de l'orientation, le pigeon messager retourne à son colombier en parcourant de 20 à 30 lieues à l'heure: d'Espagne à Paris, en 10 h. La Belgique possède les races les mieux douées. Le Biset, ardoisé, niche dans les roches. Le Ramier émigre dans les Pyrénées. Rien de gracieux comme la Colombe ou tourterelle. L'énorme Goura de Nouvelle-Guinée, violacé, succulent, est acclimaté définitivement dans nos volières.

Vᵉ Ordre : Echassiers

Une échasse que surmonte "un long bec emmanché d'un long cou ". Cette échasse est formée de 2 pièces; la jambe, en partie dénudée, et le "tarse ", c'est-à-dire le canon, le métatarse. Un premier groupe, celui des coureurs ou terrestres, aux ailes courtes, ne vole pas, mais court bien. Pour mieux traverser les déserts sablonneux le pied s'élargit en semelle, comme celui du chameau. L'Autruche (Af.) est domestiquée en Algérie et au Cap; elle porte des fardeaux; elle fournit des plumes de luxe, valant 30 fr. pièce. L'oeuf pèse 2 kil., son incubation dure 7 semaines; le père aide la mère. On réussit bien l'incubation dans des fours. Le Nandou (Am.), dont la chair est moins agréable, fournit des plumes grises pour plumeaux. Le Casoar des Moluques et de Ceylan (à casque) n'est guère mangeable et ses plumes sont déprimées comme des crins. L'Emeu ou Dromée d'Australie rivalise en utilité avec l'autruche; on cherche à l'acclimater en Angleterre. La Nouvelle-Zélande possède le seul oiseau dépourvu d'aile: l'Apteryx (A, sans, ptère, aile), petit échassier, 80 cent., couvert de crins. Elle posséda, jadis, un oiseau géant, qui fut exterminé par les néozélandais: le Dinornis, ou Moa. Madagascar eut l'Epyornis, de 4 m..

Les autres Echassiers ont de grandes ailes; ils volent bien, ils se plaisent au bord de l'eau. Beaucoup vivent en sociétés et émigrent périodiquement. Oiseaux utiles dont nous recherchons les oeufs, les plumes, la chair, ou qui nous délivrent d'êtres nuisibles et de débris malsains. Quelques-uns sont de bons coureurs:Outarde, Vanneau, Pluvier qui nous arrivent de Belgique avec les pluies d'automne; Pluvian poursuivant les insectes jusque dans la gueule béante du crocodile.Parmi les plus connus: cigogne, héron, grue, marabout, échasse, Spatule au bec en cuiller, Flammant aux ailes de pourpre, de flamme. La Cigogne (Pelargonia) est une émigrante fêtée en Alsace; elle détruit souris, rats, mulots, serpents. On la protège. Les liens de famille sont très étroits; c'est pourquoi la loi romaine qui oblige l'enfant devenu grand à nourrir ses vieux parents était nommée " Loi Pélargonia ".

Citons encore: la bécasse, le combattant aux couleurs splendides, l'ibis vénéré en Egypte, le râle, la poule d'eau, le foulque et 2 américains qui font régner l'ordre dans la basse-cour et même la bergerie: le Kamichi, armé de 4 poignards et l'Agami-trompette.

VIᵉ Ordre: Palmipèdes

Leurs doigts palmés, réunis par une membrane, indiquent de bons nageurs. La plupart marchent mal; quelques-uns volent lourdement; le Manchot ne vole pas, mais il en est de privilégiés qui courent très vite, volent très bien et plongent à merveille: la mouette, le sterne ou hirondelle de mer, le goëland. Les uns ont un bec mou, lamelleux pour fouiller dans la vase: canard, sarcelle, oie, cérésope. Le Cygne nous donne un duvet qui rivalise avec celui de l'eider: édredon (Islande, Laponie). Chez d'autres la membrane s'étend jusqu'au doigt postérieur. Le Pélican est muni d'un curieux filet: on dit que, faute d'autre nourriture à distribuer à ses petits, l'animal se déchire les flancs pour offir son sang; il est l'emblème de la charité Chrétienne(chapelle de la Vierge à Saint Sulpice). Les Chinois dressent le Cormoran à pêcher, et s'assurent de sa fidélité en cerclant son cou d'un anneau étroit. Les meilleurs voiliers sont la Frégate, grosse comme une poule avec 4 m. d'envergure, et le Pétrel qui se plaît à lutter contre l'ouragan, à braver les tempêtes.

Le groupe des plongeurs a de courtes ailes; les uns volent lourdement: le grèbe aux belles fourrures, le plongeon, le macareux, le guillemot. D'autres ne volent pas; leur aile courte, comprimée, sert plutôt de nageoire; les pingouins forment dans les glaces du Nord, de très curieuses sociétés. Le Manchot, du Sud, n'a qu'un rudiment d'aile: les 3 métatarsiens du canons ne sont pas soudés: la fourrure est superbe; il ne mérite pas son nom de manchot aussi bien que l'aptéryx.

Lectures.-
Fauconnerie au moyen âge. Chasse à la gazelle au Maroc. Chasse à la pipée avec la chouette. Récolte de l'édredon en Islande.

XXVè L E Ç O N

Classe des reptiles

I.- Les Reptiles sont obligés de ramper (Reptare), parce que leurs pattes sont courtes et écartées; parfois elles manquent complètement (serpent). Les uns ont une cuirasse épaisse (tortue, crocodile), les autres une peau écailleuse, renouvelée par des mues (lézard, serpent). Avec eux commence l'étude des vertébrés inférieurs, à température variable; car l'activité vitale est médiocre et, surtout la respiration. Si le sang est tiède en été, il est " froid " en hiver, n'ayant que 3 ou 4 degrés de plus que l'air ou l'eau, le milieu ambiant. Ils respirent l'atmosphère avec de médiocres poumons, subdivisés seulement au voisinage des bronches; le reste est une sorte de sac, de réservoir à air, qui leur permet de s'enfouir longtemps, ou de plonger longuement. Le coeur a 2 oreillettes, mais un seul ventricule; un canal artériel relie l'artère pulmonaire au Ier tiers de l'aorte; il en résulte que le sang vermeil reçoit une certaine quantité de sang bleu; et ce mélange violet distribué dans les trois quarts du corps n'est pas favorable à l'activité vitale. C'est la raison qui fait dire que la circulation est incomplète. D'autre part, elle est encore double, parce que la Phase respiratoire se détache nettement, à part, (petite boucle du 8) de la circulation générale.

II.- La tête petite, le museau pointu, le cerveau lisse, indiquent des êtres peu intelligents, aux instincts obtus. Très peu soignent leurs petits. Les Lobes olfactifs et optiques sont gros; la vue est développée; l'ouie et le gout sont médiocres. Presque tous sont muets: à peine un sifflement. Fourchue ou non, la langue est inoffensive: elle sert à goûter, à toucher, à saisir les insectes; mais ne parlez jamais plus " du dard venimeux des serpents ".
Les reptiles sont des carnassiers, à gros estomac, à dents pointues, sans racine,

simplement soudées. Les tortues n'ont qu'un bec corné, mais il est denticulé et
redoutable chez les plus voraces. Opivares, ils pondent avec certaines précautions
dans les lieux les plus favorables, laissant au soleil le soin de faire éclore leurs
oeufs. Toutefois, le caïman soigne ses petits, le python couve ses oeufs. Chez plusieurs lézards et serpents venimeux, l'oeuf éclot au moment où il est pondu, et
précisément le mot Vipère est l'abrégé de ovovivipare.

III.- Les Reptiles ont besoin de chaleur. Petits et rares dans les régions
tempérées, ils sont nombreux et grands dans la zone torride. Engourdis par le froid
de l'hiver (hibernation), assoupis par les ardeurs de l'été (estivation), ils demeurent longtemps sans manger et presque sans respirer. Ceux que nous élevons dans
les ménageries ont besoin de couvertures et de calorifères. Les grands reptiles
tropicaux sont dangereux: crocodile, python 15m., boa 8 m. Le venin des serpents
de cette zone brûlante peut tuer en quelques minutes, tandis que la morsure des
vipères d'Europe n'est presque jamais mortelle.
Parmi les caractères utiles:
1° Tous les petits reptiles sont insectivores et, surtout, les tortue, lézard, orvet, couleuvre.
2° On mange la chair des tortues (et leurs oeufs); celle des crocodiliens,
de l'iguane, du boa, du python.
3° L'écaille de luxe, belle matière élastique, translucide, facile à travailler dans l'eau tiède qui la ramollit, est fournie par une tortue marine, le Caret qui possède 13 grandes plaques et 25 petites.
4° On utilise la peau des crocodiles, des serpents: mues de ceux-ci qui
sortent comme d'un fourreau de leur vieille peau.
On divise cette classe en 4 ordres:
I. Tortues ou Chéloniens:
Grecque. Trionyx. Caret. Franche (Thelonia).
IIè Ordre:Crocodiliens.
Sauriens Crocodile. Caïman ou Alligator. Gavial.
III. Lézards:
Varan. Gecko. Caméléon. Dragon. Iguane. Orvet.

IV.- Serpents ou Orphidiens.
1° Non venimeux:
Couleuvre. Boa, 8m. Python, 15m.
2° Venimeux:
Vipère. Naïa. Crotale. Fer-de-Lance.

Ier Ordre Tortues ou Chéloniens

Les tortues sont protégées par une épaisse cuirasse, dont les plaques é-
cailleuses représentent certains os du squelette modifiés et des os supplémentaires;
le dessus est nommé carapace, le dessous plastron. L'épaule ressemble au bassin.
Un bec corné, parfois dentelé. 5 doigts en avant et 4 en arrière; ils sont assez
distincts chez les tortues terrestres, symbole de lenteur et de prudence. Les grandes espèces vivent 2 siècles. La carapace bombée déborde le plastron; c'est une
maison dans laquelle peuvent rentrer la tête, les pattes et la queue. La tortue com-
mune vit d'insectes, d'escargots, de limaces; elle rend donc service dans les jardins, mais on la bannit du potager, parce qu'elle est friande de salades. Sa chair
est comestible, la soupe à la tortue est appréciée, surtout en Angleterre. Espèces:
grecque, étoilée, géométrique, etc. La petite Eléphantine d'Algérie a des pieds en
moignons, la grande espèce de Madagascar atteint 300 kilogs. Les tortues marécageuses

sont un peu palmées, leur chair, médiocre, sent la vase: Cistude, Emyde. Les tortues
fluviatiles sont très palmées, très agiles, très carnassières; en général, le cou
est fort long, et la cuirasse aplatie ne protège que le dos; la plus connue est la
Trionyx féroce (Am.).

Les tortues marines ont des nageoires, leur chair est agréable, leurs oeufs
mous sont excellents. Elles sortent de l'eau en société et se traînent péniblement,
loin du rivage, pour pondre leurs oeufs dans le sable. C'est le moment où le pêcheur
les guette; avec des leviers il retourne sur le dos le plus possible de ces pauvres
bêtes désormais immobilisées. Dans l'eau, on les chasse avec le harpon et le suçet.
Or il y en a qui pèsent de 500 à 800 kilogs., quelle ressource pour une peuplade
indienne, ou pour un équipage longtemps privé de viande fraîche. La plus connue
est la tortue franche (Thalonia) à bec saillant d'épervier. C'est le Caret qui
fournit l'écaille de luxe. La Méditerranée possède encore quelques caouannes aux
écailles raboteuses, et le Luth dont la carapace servait de luth aux Grecs. L'é -
caille de la tortue Cuir est molle, cartilagineuse.

Sous le nom de Sauriens on réunissait les 2 ordres suivants:

II° Ordre: Crocodiliens

Ce sont les 3 grands sauriens. Leur dos est garni d'une cuirasse épaisse
à l'abri des balles; le ventre seul est vulnérable. D'un coup de queue, l'animal
renverse son adversaire. Mais il ne peut guère tourner la tête, parce que son cou
est immobilisé par le prolongement (en côtes) des vertèbres cervicales. Les nègres
en profitent pour attaquer hardiment la bête et la poignarder. On mange les crocodiliens: en Indo-Chine, c'est une viande de boucherie.

1° Le crocodile aime beaucoup l'eau, ses pattes postérieures sont palmées.
Cosmopolite, comme le Buffle, on le trouve un peu partout. La plus grande espèce
habite le Nil, 10m. Les Egyptiens vénéraient les animaux qui détruisent les oeufs
du crocodile: la Mangouste ou ichneumon, le Monitor ou sauvegarde.

2° Le Caïman, ou alligator (Am.) est terrestre; ses pattes ne sont point palmées, il surveille ses œufs   et soigne ses petits. Une espèce à long museau a les
yeux cerclés d'écailles brunes ou lunettes.

3° Le Gavial du Gange et de l'Australie est tout à fait aquatique, il est muni d'un long museau de brochet, un peu faible pour attraper les poissons.

III° Ordre : Lézards

Les petits sauriens ont une peau écailleuse qui se renouvelle, au printemps, comme celle des serpents, par des mues régulières. Ce sont d'utiles insectivores. On en mange quelques-uns. On les a subdivisés d'après le mode de soudure
de leurs dents sans racines et suivant que leur langue peut saillir, ou non, hors
de la gueule, pour être dardée sur les petites proies. Les 3 espèces du genre
Lézard sont le lézard-gris des murailles: 20c; le vert, piqueté de noir 30c; et,
spécial au Midi, le vert ocellé, 65c aux larges taches bleues sur les flancs, brunes
sur le dos. Le Varan du désert atteint 2m ainsi que le Monitor ou sauvegarde du
Nil. Le Gecko méditerranéen a sous les doigts des ventouses qui lui permettent de
marcher au plafond; il fait entendre le cri monotone de " gecko ". L'Espagne possède le caméléon, animal qui grimpe lentement, mais sûrement, car ses doigts sont
bien partagés 3 - 2 et sa queue est prenante. Quand un insecte passe à sa portée,
il darde une langue très longue, et élargie en cuiller, plus rapide que l'éclair.
Les yeux louches sont dissimulés sous la paupière. En aspirant profondément le caméléon double son volume. Il change de couleur, passant du vert au violet et au
jaune, parce que sa peau renferme 2 couches de pigment, l'une jaune superficielle,
l'autre brune profonde, dont les corpuscules foncés se déplacent. Le Dragon de

l'Inde possède un parachute qui lui permet de se laisser tomber du haut d'un arbre
à la poursuite d'un insecte;c'est le seul reptile ailé. Le Basilic (Am.) doit son
nom de " petit roi " à la crête festonnée qui le couronne. C'est un excellent gibier que l'Iguane, au dos festonné; on le dit sensible à la musique. Les pharma-
ciens employaient jadis 2 lézards, aux pattes minuscules: le scinque et le seps.
Plusieurs lézards n'ont que les 2 pattes postérieures très minimes. Enfin l'Orvet
n'a pas de membres, c'est un insectivore que l'on surnomme,à tort " serpent de
verre " parce qu'il se tord et se brise dans la main qui l'a saisi. Il diffère
des serpents en ce que sa mâchoire n'est pas dilatable: en outre, il possède un
rudiment d'épaule et de bassin.

IVè Ordre : Serpents ou Ophidiens

Ils sont privés de membres, d'épaule et de bassin, mais ils possèdent
250 à 350 côtes, ce qui leur permet d'être fort agiles; ils glissent, se tordent,
bondissent, nagent à merveille. Leur mâchoire se dilate beaucoup, afin d'avaler
la victime pétrie, ramollie, insalivée: la digestion est pénible. L'animal demeure inerte plusieurs jours. Le boa s'y reprend à deux fois pour digérer une grosse
proie. La langue fourchue sert à goûter, toucher et parfois saisir; ne jamais l'
appeler " dard venimeux ". On dit que certaines victimes sont fascinées par le
regard fixe du serpent, ce reptile possédant une paupière transparente.

1°.- Non venimeux.

La Couleuvre est un joli insectivore, facile à apprivoiser. Robe brillante,
ou dominent le jaune et le vert; longue queue, tête arrondie, étroite, avec 9 é-
cailles plus larges; pupilles rondes. Le Boa (Am.) a de belles couleurs; il atteint
6m. Chez le Python, les deux membres postérieurs sont représentés par deux moignons; il couve ses oeufs. La grande espèce, dite de Séba, au Sénégal, dépasse 15m
En Turquie, l'Eryx s'élance comme un " javelot ".

2°.- Venimeux.

La Vipère: sa tête est plate, triangulaire, avec 2 rangs de petites écailles
brunes formant un V. Museau tronqué, pupille verticale. Robe sombre, à écailles
entuilées, sur laquelle se dessinent, en zigzag, 4 rangs de taches irrégulières
foncées; queue courte. Bref aspect sinistre. Plusieurs espèces de vipères: aspic
dans les forêts pierreuses; péliade dans le Midi; ammodyte au museau redressé en
corne, dans le Dauphiné. Le Céraste africain est bien plus connu. L'aspic de Clé-
opâtre, vert avec taches jaunes. Le Naïa d'Asie, à lunettes, dont le cou se gonfle
en coiffe; apprivoisé par les bateleurs indiens qui lui font exécuter des tours d'
adresse, après avoir enlevé les crochets venimeux.

L'Elaps-corail de Malaisie constitue un joli bracelet peu dangereux. Très
redoutables les américains, Crotale, à sonnette, dont la queue se termine par un
grelot d'écailles; leur frémissement avertit de l'imminence du danger. Au Nord,
le Trigonocéphale; aux Antilles, le Bothrops, ou vipère jaune, dont la tête plate
est en triangle ou fer de lance; c'est contre lui que l'on acclimate le Serpentaire du Cap.

Le venin est produit, de chaque côté, par une glande semblable à celles de
la salive, il s'accumule dans un réservoir, d'ou il coule dans un canal qui se
continue à l'intérieur du crochet venimeux. Les 2 crochets se dressent quand l'a-
nimal veut s'en servir, soit pour immoler sa proie, soit pour se défendre. Dans
ce second cas, le reptile ne se borne pas à mordre, il frappe et se retire brusquement, de sorte que les crochets brisés restent dans la plaie. Ils sont bientôt
remplacés par d'autres crochets dont les germes étaient visibles. Chez un petit

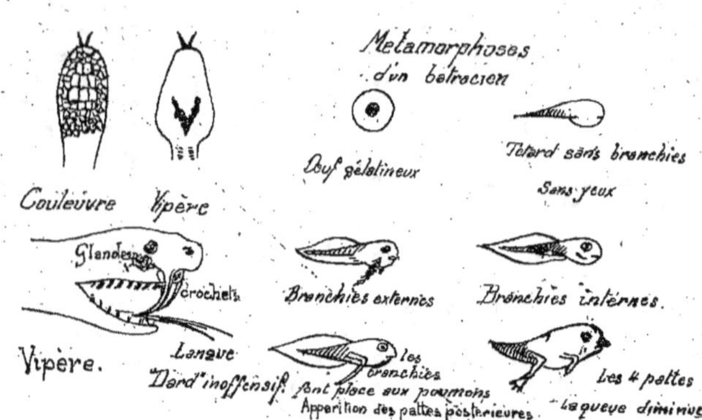

nombre, au lieu d'un canal central les crochets ne portent qu'un sillon en gouttière. Ils sont immobiles chez le Naïa, et logés au fond de la gueule chez les dipsas,
scytale, coelopeltis ou couleuvre dangereuse de Montpellier . Nos petites vipères
d'Europe ne déterminent que la fièvre, tandis que les grandes espèces tropicales
tuent en quelques minutes. Parfois une sorte lèpre ronge la victime; rien d'horri-
ble comme la succion du Naïa-nandi d'Australie, sorte de turban sans tête, armé de
ventouses. On lave la plaie avec soin; on aspire le sang, au besoin avec les lèvres, à moins qu'elles n'aient quelques déchirures, car les venins ne produisent
aucun effet dans l'estomac. On élargit la blessure et on la brûle, on la cautérise
avec l'ammoniaque, le phénol, la pierre infernale, ou mieux le fer rouge. Les Indiens ont recours à certaines plantes (quelques animaux aussi): le dorsténia, le
guaco, la racine du nagaï. Plusieurs êtres sont à l'abri des effets venimeux: le
serpentaire, le kamichi, le hérisson, les Porcins.

Lectures.
Pêche d'un tortue marine avec le suçet.

XXVIe LEÇON

IVe Classe : Batraciens

Humbles êtres à peau nus, qui subissent la plus profonde métamorphose,
car ils naissent poissons et ils se transforment en reptiles. D'aquatiques ils deviennent aériens. Les oeufs gélatineux produisent de petits poissons sans yeux,
sans pattes, nageant avec une longue queue: les têtards. Ils respirent l'air dissous dans l'eau d'abord par la peau, ensuite par des branchies externes, enfin avec
des branchies internes. Ils sont herbivores, vivant de plantes aquatiques.
Quand la métamorphose commence, des poumons s'organisent pour respirer l'atmosphère, et lorsqu'ils peuvent fonctionner les branchies disparaissent, devenues
inutiles. Ce sont les pattes postérieures qui poussent les premières; en général
elles demeureront plus longues et mieux palmées. Ainsi les batraciens supérieurs
sont des sauteurs, chez lesquels la queue diminue et disparaît. Devenu adulte,

le batracien est carnassier, insectivore utile; pour ce changement si complet de régime l'intestin ne s'allonge pas. Des poches vocales produisent les coassements, et chez la grenouille-taureau (Am.) de formidables beuglements. La peau nue de ces êtres respire activement; elle est parfois couverte de glandes et verrues qui sécrètent une humeur repoussante, venimeuse, bon préservatif contre la dent des carnivores: le chien n'attaque pas le crapaud. Les Indiens concentrent cette humeur pour empoisonner leurs flèches.

II - Parmi les Sauteurs: la Grenouille, utile, comestible. On la chasse des viviers parce qu'elle est friande des oeufs de poissons. La Rainette, jolie, verte, agile, grimpe volontiers, car elle a sous les pattes des ventouses qui rappellent celles du gecko. On doit respecter le crapaud qui nous délivre des insectes et des escargots; les jardiniers anglais nous en achètent. Aux Antilles on lui permet d'entrer dans les maisons, pour faire la chasse à de gros insectes malfaisants. Sa tête produit une humeur venimeuse qu'il lance adroitement, à distance, pour engourdir sa victime. Il n'a pas de dents, pas plus que le Pipa (Am) dont les oeufs éclosent sur le dos maternel, et c'est dans ce berceau que les têtards subissent leur métamorphose.

D'autres batraciens, non sauteurs, conservent la queue du têtard. La Salamandre terrestre brave le feu, quelques instants, par sa sueur abondante; la Fable disait d'elle qu'elle éteignait l'incendie. Le Triton, aquatique, a le dos crénelé; la grande espèce du Japon dépasse un mètre. L'Axolotl des lacs mexicains sert pour fritures; il tarde beaucoup à se métamorphoser. Deux êtres exceptionnels, conservent leurs branchies, tout en acquérant des poumons; ce sont donc de véritables amphibies, dans toute la force du terme, pouvant respirer aussi bien dans l'eau que dans l'air. Ils vivent dans des grottes sombres, au sein des flaques d'eau qui peuvent se dessécher, sans inconvénient pour l'animal: Protée d'Italie et Sirène américaine. - Les Cécilies, privées de membres, ressemblent à des serpents ou à des vers: Siphonops.

Vᵉ Classe : Poissons.

I - Couverts d'écailles profondément implantées, les Poissons vivent toujours dans l'eau, car ils ne peuvent respirer qu'au sein de l'eau. Leur coeur, analogue à la moitié droite du nôtre est dit "veineux" ou "droit". Il lance le sang impur dans l'artère branchiale qui le distribue aux branchies. Ce sont des lamelles flottantes ou fixées, en forme de peigne ou de panache, suspendues sur les côtés de la gorge à des arcs osseux. L'eau entre par la bouche, baigne les branchies, leur abandonne l'air qu'elle tient en dissolution, cède l'oxygène au sang qui redevient vermeil, et sort sur les côtés par des ouvertures latérales: les ouïes. Redevenu oxygéné, le sang est conduit par les veines branchiales dans l'artère aorte, sans repasser par le coeur. Cette circulation est dite simple et complète; à l'inverse des reptiles, les 2 sortes de sang ne se mêlent pas, et la Phase respiratoire ne se détache pas à part de la circulation générale.

Chez les poissons osseux, au squelette dur, l'eau s'échappe par une seule paire d'ouïes, protégées par des soupapes, ou opercules dont les battements sont bien visibles; c'est que, de chaque côté, les quatres branchies flottent dans une seule cavité. Les poissons cartilagineux, au squelette mou, tels que la raie, le requin, possèdent 5 paires d'ouïes, parce que chaque côté porte 5 branchies fixées dans 5 cavités distinctes: 7 chez la lamproie allongées en flûte. L'air dissous est plus riche en oxygène que l'atmosphère: 32 % au lieu de 21. Il faut le

renouveler quand on élève des poissons; le meilleurs moyen consiste en un courant
d'eau continu, formant un jet. Eviter l'eau désaérée par la chaleur; ne pas fermer
le bocal des poissons rouges. En hiver, casser la glace des viviers çà et là. Les
aquariums réussissent bien mieux depuis qu'on y place des végétaux, parce que les
feuilles produisent de l'oxygène dans le jour.

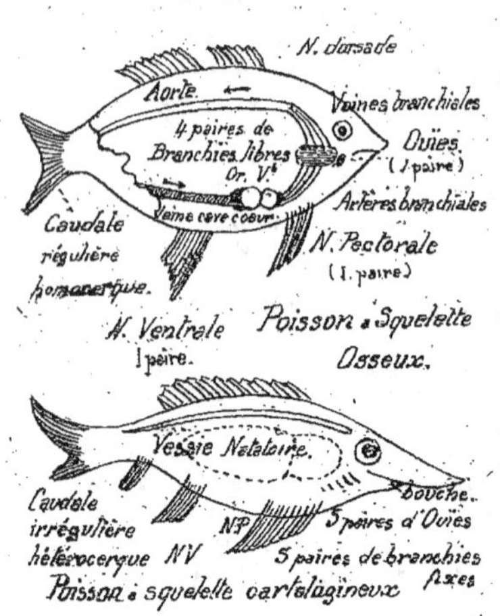

II - La forme allongée en fuseau convient pour fendre l'onde. Pour nager, le
poisson frappe, d'un double coup, en hélice
l'eau qui réagit et le repousse. Nos vaisseaux imitent cette forme de fuseau et cette propulsion en hélice. Les Nageoires faci-
litent l'équilibre et les changements de
direction. Les nageoires paires représentent les
membres: on y retrouve, très modifiés, les
os des membres. Ainsi les 2 pectorales tiennent lieu de bras, et les 2 Ventrales de
jambes: à tel point que l'on nomme Apode
(sans pied) l'anguille qui est privée de
nageoires ventrales. Parmi les nageoires im-
paires, la Dorsale qui est épineuse chez
la perche, molle chez la carpe. La Caudale
bien symétrique chez les poissons Osseux,
est divisée en deux lobes fort inégaux chez
les poissons cartilagineux.

La vessie natatoire est un grand
sac, souvent double, que le poisson gonfle
d'air pour s'élever rapidement , et dégon-
fle pour redescendre. Elle peut rejeter
cet air par la gorge, mais non pas en inspi-
rer. Sauf chez trois êtres exceptionnels, véritables amphibies, où elle se modifie
en poumon: tous trois vivant dans des marais, que l'ardeur de l'été dessèche, sans
inconvénient pour eux. Lépidosirène du Brésil, Protoptère du Sénégal, Cératode
D'Australie. Quelques poissons sortent de leur élément pendant plusieurs heures,
parce que leurs ouïes, contournées en labyrinthe , emprisonnent une provision d'eau
l'anguille se plaît dans les fossés; l'anabas indien grimpe sur les arbres à la
poursuite des insectes. Les poissons volants peuvent voltiger, en bandes, grâce à
la largeur de leur nageoires pectorales: exocet, trigle, Dactyloptère (doigts ailés).
L'espadon-voilier double sa vitesse, en se faisant pousser par le vent qui gonfle
la nageoire dorsale. Truites et saumons bondissent pour remonter les cascades.

III - Très carnassiers, les poissons se poursuivent et dévorent les êtres
aquatiques. Ils ont de nombreuses rangées de dents. Leur suc gastrique est très
corrosif pour dissoudre les écailles. L'intestin est court: parfois il se contourne
en spirale. La voracité de quelques uns est extrême: brochet, requin. Ces vertébrés
inférieurs, aux instincts grossiers, ont un cerveau très petit, mais de gros lobes
olfactifs et optiques. Dans leur élément défavorable, la vue et l'odorat sont assez
bons: le pêcheur les attire de fort loin avec des appâts odorants. L'ouïe doit être
vague, mais l'animal entend le moindre bruit; d'ailleurs l'eau est favorable à la
transmission des sons. Parmi leurs instincts curieux, celui qui préside aux migrations
régulières de certains poissons. D'ordinaire c'est pour pondre leurs oeufs (frai)
en commun, dans les lieux les plus propices. On en profite pour accomplir les grandes pêches. Les uns descendent vers le sud à époque fixe: la morue vers Terre-Neuve

et l'Irlande: le hareng, à 3 reprises, jusque dans la Manche. D'autres remontent
des profondeurs: le maquereau: L'anchois passe de l'Atlantique dans la Méditerranée. Ceux-ci quittant la mer remontent les fleuves: saumon, esturgeon. L'anguille
au contraire, quitte les rivières et se dirige vers la mer. Ces grandes pêches et
les petites côtières font vivre près de 80.000 marins français; elles rapportent
environ cent millions de francs. Pour conserver ces immenses provisions il faut
1 s saler, les fumer, ou les mariner dans l'huile.

Le poisson frais étant un aliment très hygiènique, on s'occupe enfin de
repeupler nos rivières. On soigne l'éclosion des oeufs dans des courants d'eau vive
en cascade; on nourrit les petits êtres et, dès qu'ils sont assez forts, on les
met en liberté dans des rivières favorables, loin des voraces, et surtout du brochet
La pisciculture est appelée à rendre de très grands services comme elle a fait de
tout temps en Chine. Le nombre des oeufs est énorme: la carpe en pond 300.000.
Quelques poissons soignent leurs petits: ce sont les pères qui remplissent cette
fonction. L'Hippocampe ou cheval-marin, semblable au cavalier du jeu d'échecs,
couve les oeufs dans une poche spéciale. Le Chabot, le glanis surveillent leur progéniture. Le Chrômis abrite ses petits dans ses ouies: on le surnomme " Père de
famille ". C'est un bon père, aussi que l'Epinoche: il construit un nid allongé
en manchon; le Gobie et l'arc-en-ciel font de même.

IV. - Utilités.

Presque tous les poissons sont excellents à manger; les uns ont une chair
légère, facile à digérer (merlan), d'autres une chair compacte, nutritive (saumon);
quelques-uns sont gras, savoureux, un peu lourds à digérer: anguille, lotte, lamproie. A titre exceptionnel la chair des cuirassés est malsaine (coffre, lune) et
quelques poissons doivent être évités à l'époque de la ponte. Beaucoup de poissons
fournissent de l'huile pour l'éclairage et les industries: hareng, sardine , squales . Le foie de la morue, de la raie, des squales fournit une huile dépurative,
reconstituante, par sa richesse en iode, soufre et phosphore. Les oeufs de l'esturgeon et du brocher russe constituent le caviar. La colle de poisson, employée
surtout à clarifier le vin, est fabriquée avec la vessie natatoire de l'esturgeon
et du silure. On utilise la peau de l'anguille et de la raie (chagrin); avec celle
des requins on fait des selles, harnais, barques? Les écailles nacrées de l'ablette
dissoutes dans l'ammoniaque , forment "l'essence d'Orient" que l'on insurffle dans
de petites ampoules de verres pour obtenir les " perles fausses. "

A titre nuisible, les grands Squales: requin, scie. Quant aux poissons électriques, ils sont plutôt curieux. Leur arme engourdie la proie et les défend contre
leurs ennemis. Cette électricité est comparable à celle de la foudre et des appareils de physique. Quand on la condense elle produit des étincelles, elle aimante
l'acier, elle décompose l'eau. La Torpille ressemble à la raie; ses 2 appareils
s'étalent sur le dos. Le Gymnote ou anguille de Surinam (Am. S) loge dans ses reins
et sa queue une arme formidable; il vit dans les marais. On s'en empare en lui faisant dépenser sa prévision d'électricité sur des chevaux, que l'on oblige à subir
les douloureuses commotions: momentanément désarmé, on le prend à la main. On con-
nât moins le malaptérure, le mormyre.

V. - Cassification.

I° P. Osseux, à écailles ordinaires. Un Ier groupe renferme ceux dont
la nageoire dorsale est armée de rayons épineux, arme dangereuse: Perche, vive,
rouget, thon. 2°. Ceux donl la nageoire dorsale à des rayons mous. Les uns ont
les nageoires ventrales à l'abdomen, loin des pectorales: Carpe, tanche, silure
6m.hareng, truite, brochet. Les autres ont leurs nageoires ventrales sous les pectorales: Morue, merlan.

II°. P. Plats, à écailles denticulées, les 2 yeux placés sur le côté dorsal: Sole, limande, turbot, barbue.

III°. Les Serpentiformes, sans nageoires ventrales (apodes): Anguille , congre, gymnote.

IV°. Les Cuirassés, les seuls dont la chair soit malsaine: lune, diodon, coffre, hippocampe.

Parmi les P. Cartilagineux, le Ier groupe est celui des 3 véritables amphibies.

2° Les Ganoïdes ont des écailles et des plaques dures, osseuses, émaillées chez la lépidostée, et non sur l'esturgeon.

3° Ecailles hérissées de boucles dures, placoïdes. Bouche transversale située très en dessous, loin du museau, de sorte que le poisson est obligé de se retourner à demi pour happer sa victime. Ce sont les Squales (requin, marteau), les Scies, les Anges et les Raies (torpille). Les 2 derniers vertébrés sont:

I° La Lamproie, dont la bouche s'arrondit en ventouse;

2° l'Amphioxus, privé d'un cerveau véritable, et dont le squelette se réduit à une colonne vertébrale fibreuse.

<h2 style="text-align:center">XXVIIe L E Ç O N</h2>

Etude des Invertébrés (sans squelette).

2e Embranchement: Annelés

Leur corps est divisé en anneaux qui diffèrent notablement chez les mieux organisés, munis de pattes articulées, aux articles flexibles: articulés (abeille, écrevisse). Les anneaux se ressemblent beaucoup et possèdent une sorte d'indépendance vitale chez les inférieurs, privés de pattes: vers (sangsue, ténia). Le système nerveux est ventral: il s'étend sous le tube digestif; c'est une chaîne simple ou double de petites masses nerveuses nommées ganglions. Les 4 premiers ganglions forment, avec les arcs qui les raccordent, un collier oesophagien autour du pharynx: ils tiennent lieu de cervelle.

On divise les articulés en 4 classes: insectes, mille-pattes, arachnides, crustacés.

Ier Classe des Articulés: Insectes

I.- Extérieur.

On reconnaît un Insecte à 3 caractères: son corps est divisé en 3 régions: tête, thorax, abdomen, et c'est le thorax qui porte toujours les 6 pattes et les ailes au nombre de 4 ou de 2.

1° Tête

Elle porte 2 antennes ou "cornes" qui servent au toucher, à l'odorat, et peut-être à l'ouïe. Deux sortes d'yeux: les uns simples (Ocelles), au milieu du front, peu nombreux, et, sur les côtés, 2 énormes yeux composés, résultant de la juxtaposition de plusieurs milliers d'yeux élémentaires, de sortes que toutes les cornées de la surface forment une " mosaïque de facettes." De la sorte l'insecte voit dans plusieurs directions et saisit les moindres détails de ce qu'il regarde.

La bouche est formée d'une douzaine de pièces: 2 lèvres, le labre sup. et le labium inf.; 2 mandibules et 2 mâchoires denticulées, qui se déplacent horizontalement. Des palpes articulés servent à palper, saisir, goûter: 2 sur les mâchoires,

2 sur la lèvre inf. qui porte aussi une languette. La modification de ces pièces révèle le genre de vie: ainsi le Cerf-volant est un broyeur qui doit son nom à la grosseur de ses mandibules. Pour lécher le nectar des fleurs dont elle fera le miel l'abeille possède 2 mâchoires (demi-cylindriques) qui se rapprochent en corps de pompe, au sein duquel la languette fonctionne comme piston aspirant. Les mandibules et le labre lui servent à pétrir la cire et le pollen. Chez la punaise les mandibules et les mâchoires forment 4 stylets; le cousin en a 5; La puce est armée d'une languette pointue; le papillon n'a qu'un trompe molle.

2° Thorax ou Corselet.-

La poitrine est formée de 3 anneaux, portant chacun une paire de pattes; total 6; les insectes sont hexapodes. Le premier anneau ne porte pas d'ailes. La mouche n'en a que 2, mais le 3e anneau porte des " balanciers " utiles au vol: si on les blesse elle vole de travers. Les 4 ailes de la Libellule (demoiselle) sont finement veinées de nervures délicates. Celles des papillons sont poudrées d'une poussière écailleuse qui adhère aux doigts, surtout celle des papillons nocturnes, aux couleurs sombres. Parfois la première paire n'est qu'un étui corné, protecteur: les élytres; c'est le cas de l'ordre le plus connu: les Coléoptères (ailes à étui), hanneton, cerf-volant, scarabée, carabe, charançon, coccinelle "à bon Dieu ". Les 6 pattes, admirablement articulées, sont formées de nombruex articles flexibles, qui s'infléchissent les uns sur les autres: une hanche double, une cuisse, la jambe, un tarse de plusieurs segments et une griffe.

3° Abdomen ou Ventre.-

Composé d'une dizaine d'anneaux assez mobiles, il ne porte jamais de pattes, mais il peut se terminer par des organes utiles. L'abeille possède un double dard venineux; le Perce-oreille est muni d'un paire de pinces. Beaucoup de mères ont une tarière pour enfoncer leurs oeufs:sabre de Sauterelle. Les fourmis savent traire les cornes sucrées du puceron. Quand le thorax est relié à l'abdomen, comme chez la guêpe, par une région étranglée, ce Pédicule représente le 2è anneau abdominal.

II.-Organisation

Le tube digestif est comparable à celui de l'oiseau. Sous les grosses glandes salivaires, 3 estomacs:

1° Un jabot, c'est là que le nectar des fleurs se transforme en miel chez l'abeille;

2° Un gésier broyeur, à plaques cornées; l'abeille n'en a pas.

3° Le Ventricule chylifique, ou estomac chimique, à suc gastrique. Dans l'intestin débouchent 2 sortes de tubes étudiés par Malpighi: les premiers représentent le foie, et les derniers les reins.

L'insecte respire de tous côtés avec des tubes élastiques, à spirales déroulables: les trachées; tubes qui se ramifient jusqu'au bout des pattes. L'air y pénètre par 9 paires de boutonnières: les Stigmates, placées sur les flancs, colorées chez les chenilles. En fermant ces boutonnières l'insecte résiste longtemps à l'asphyxie dans l'eau, ou dans un gaz mortel. Les insectes qui volent très bien ont 2 longues trachées centrales, tout le long du corps; d'autres possèdent, comme les oiseaux, des sacs aériens. Hannetons et criquets les gonflent d'air avant de partir pour leur expédition. Ainsi le sang se purifie de tous côtés puisque l'air se répand jusqu'au bout des pattes. Donc la circulation n'a pas besoin d'être compliquée, elle est très simple. Pas de veines: très peu d'artères; mais, le long du dos, un grand canal contractile, subdivisé en une dizaine de chambres, entouré de nombreuses trachées, servant à la fois de coeur artériel et d'aorte? Le sang chemine d'arrière en avant; il y entre aussi sur les côtés. Tel est le vaisseau

dorsal. Chez les invertébrés le sang n'a pas de globules rouges, il est jaunâtre.
Par exception il est rouge, quoique sans globules, chez les Vers.

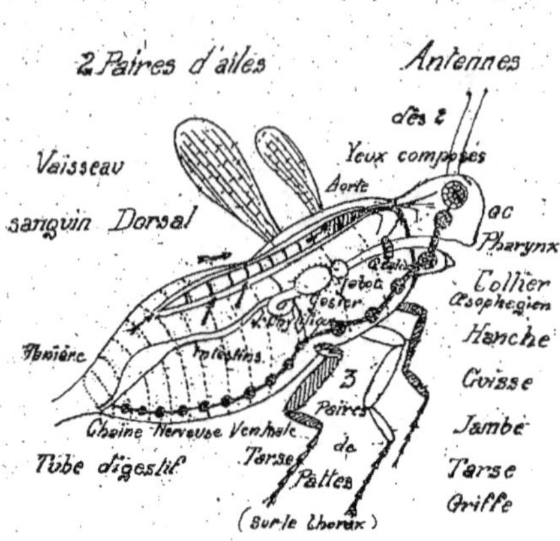

Une double Chaîne de ganglions nerveux s'étend le long du ventre sous le tube digestif; en principe chaque anneau possède 2 ganglions, plus ou moins soudés soit 2 à 2, soit même à 4, à la hauteur des pattes. Cette chaine ventrale, disposée à l'inverse du rachis des vertébrés, se raccorde par des arcs nerveux avec les 2 ganglions de la tête, les seuls qui soient au-dessus du tube digestif. Le pharynx est entouré par les 4 premiers ganglions et les arcs qui les relient: c'est le collier oesophagien; il tient lieu de cervelle: c'est l'encéphale de ces invertébrés.

III - <u>Ponte</u>. <u>Métamorphoses</u>-
Les mères pondent un grand nombre d'oeufs avec beaucoup de précautions. La majorité possède une tarière pour enfoncer l'oeuf dans le sable, ou dans telle partie de tel végétal. Les fosseyeurs enterrent les petits cadavres après y avoir déposé leurs oeufs. Pendant la belle saison, un puceron produit une dizaine de générations de 20 petits, nés tous vivants, sans ailes; soit 10 millions de descendants en quelques semaines. De ce genre est le phylloxérat qui a ruiné le quart de nos vignobles en épuisant les racines de la vigne. Intéressants les insectes qui soignent leurs petits: très peu; le Perce-Oreilles couve ses oeufs, la Cochenille meurt sur les siens.

Sauf les espèces inférieures, tristes parasites, privés d'ailes (Aptères) les insectes subissent des métamorphoses qui les améliorent, leur donnent des ailes, et la possibilité de pondre. La métamorphose est complète quand l'animal passe par 3 états différents et change de régime. L'oeuf produit une sorte de ver, larve, parfois sans pattes (mouche), parfois munie de fausses pattes membraneuses sous l'abdomen (chenille). La larve du hanneton ou "Ver blanc" demeure ainsi pendant plus de deux ans , dévorant les racines de nos potagers et de nos jardins. Vient un moment où l'animal cherche à se dissimuler dans une retraite, et, souvent, se file un cocon, pour s'y engourdir à l'état de chrysalide. Pendant ce sommeil les derniers changements s'accomplissent; les ailes se développent et le cocon percé livre passage à l'insecte ailé, adulte. Le ver blanc est devenu hanneton, la chenille est devenue papillon. Souvent le régime a changé, et, par suite, la bouche, le tube digestif; ainsi les chenilles sont broyeuses tandis que le papillon aspire le suc des fleurs avec une trompe molle.

Dans la minorité, la métamorphose moins profonde, est dite incomplète. La larve se modifie peu à peu en une Nymphe qui, conserve toute son activité et sur laquelle on voit progressivement se former les ailes. Le régime ne change donc pas. Il est parfois carnassier. Exemple : libellule, sauterelle, cigale.

IV - <u>Caractères nuisibles</u> - Presque tous les insectes sont nuisibles, et c'est pourquoi nous avons souligné si souvent l'utilité des êtres insectivores. Les plus malfaisants sont ceux qui dévorent nos plantes cultivées et surtout les moissons, les vignes, les fruits, les arbres. C'est parfois une calamité; une bande de hannetons s'abat sur un canton et détruit la récolte (Provence; on paie assez cher un sac d'oeufs de hanneton). Les Criquets, ou grandes sauterelles voyageuses partent des déserts du Sahara, portant dans les replis de leur nuage noir la famine et la peste sur un canton d'Algérie; on cherche à les détourner par le son des cloches et du canon, on les détruit par l'incendie. Quand le danger menace, on ébouillante les chenilles : on emploie le pétrole et le sulfure de carbone contre le phylloxera; on noie les hannetons dans un lait de chaux, etc. Rappelez-vous les jardiniers anglais nous achetant des crapauds.

2° D'autres insectes attaquent nos vêtements, nos provisions, les collections: Cafard (blatte), teigne, dermeste. Le Termite détruit les boiseries dans les ports de mer. Plusieurs ont un dard venimeux ou une morsure douloureuse: guêpe frelon, cousin, moustique, surtout ceux des pays chauds. La piqûre d'une mouche charbonneuse empoisonne le sang. D'autres s'attaquent à notre bétail: le cheval et le boeuf sont harcelés par le Taon, l'oestre, l'hippobosque. Sur la côte Africaine Est, la piqûre d'une mouche, Tsetsé, suffit pour tuer les grands animaux domestiques; on doit se borner à la chèvre et au porc qui bravent ce poison.

VII - Curieux - Les insectes phosphorescents: c'est la femelle du ver-luisant (Lampyre) qui brille dans l'obscurité: elle n'a pas d'ailes. Les 2 sexes sont ailés et lumineux chez la luciole d'Italie et le pyriphore (Am.) dont les dames dames se parent comme d'un diamant, dans les cheveux. On élève aussi le Fulgore. Sauterelle et grillon produisent leur cri monotone en frottant des cymbales écailleuses à la base de leurs élytres. C'est le mâle de la cigale qui possède dans l'abdomen, un double tambour, protégé par 2 volets; au fond du tambour un tendon fait vibrer les deux bruyantes tymbales ou cymbales. Plusieurs larves recouvrent leurs corps mou d'un fourreau protecteur; la Teigne qui ronge les étoffes s'abrite sous une gaine feutrée; la frigane qui vit dans l'eau se recouvre de menus débris et même de petites coquilles. Les Sociétés d'abeilles, de guêpes, de fourmis, de termites, sont un objet de haute curiosité. Les grandes fourmis amazones réduisent en esclavage les petites mineuses, qui se consacrent aux travaux de la communauté constructions, provisions, etc.; elles s'emparent en guise de vaches laitières, de larves de pucerons, dont les cornes abdominales sécrètent un nectar sucré. Le Termite fatal se construit des huttes coniques de 4^m, dans lesquelles on trouve: une seule mère, reine monstrueuse dont l'abdomen, mille fois plus gros que le corselet, pourra pondre 80.000 oeufs par jour; un roi, de taille modeste; des mâles, qui profiteront peu de temps de leurs ailes; des nymphes, soldats armés de pinces, qui ne seront pas ailés; enfin des larves, ouvrières, travaillant alternativement comme nourrices, maçons, approvisionneurs. C'est le plus remarquable exemple de la subdivision du travail:vital; chacun remplit une tâche déterminée dans l'intérêt général de la communauté.

XXVIIIème LECON

VIII - Insectes utiles -

D'abord l'abeille et le ver-à-soie. La Cochenille nous donne le carmin: c'est le corp même de l'animal, mort sur ses oeufs. Le Cynips enfonce sa tarière dans le chêne: une excroissance se forme autour de l'oeuf: c'est la noix de Galles utilisée pour son tannin; en médecine et en teinturerie. La cantharide, d'un vert d'émeraude, sert pour vésicatoires. Quelques insectes sont mangeables: on vante une larve américaine , Calandre, dite "ver palmiste", qui se nourrit de la moelle du palmiers. Les Cossus ou larves du gâte-bois sont comestibles; avec leurs oeufs on confectionne des gâteaux. On mange aussi les termites, les criquets, etc..

Enfin, tous les carnassiers nous débarrassent des autres insectes; le carabe ou jardinière, la coccinelle "a Bon Dieu" avide de pucerons. Le Fourmi-lion guette sa proie au fond de son entonnoir. L'Ichneumon pond dans le corps d'une chenille chacun de ses oeufs, dont la larve dévore son berceau vivant.

Abeille (Apis) apiculture. Une ruche contient un essaim, formé:

I° D'une reine, grande élancée, dont l'unique fonction est de pondre, jus-qu'à cent milles oeufs . On l'entoure de soins mais elle ne gouverne pas: ce n'est pas une reine c'est la mère;

2° un millier de mâles ou faux-bourdons, trapus, sans aiguillon; bouches inu-tiles que la communauté chasse en Octobre;

3° de 13 à 15.000 ouvrières, se livrant alternativement à plusieurs travaux: elles fabriquent des cellules de cire, elles les remplissent de provisions (miel et pollen); elles élèvent le nouvel essaim; elles veillent sur la ruche et savent au besoin la ventiler. C'est le mode d'alimentation et la dimension du berceau qui ont déterminé ces 3 sortes d'êtres: ainsi la reine a été élevée dans une gran-de cellule, où son ovaire s'est développé, et elle n'a pas reçue d'autre nourri-ture qu' une bouillie acidulée dite "pâtée royale". Si elle meut au berceau, les abeilles désignent une autre larve quelconque, agrandissent sa demeure, lui pro-diguent la nourriture d'élite, et transforment en reine celle qui ne devait être qu'une simple ouvrière. Quand la mère meurt, l'essaim se disperse.

La communauté commence par enduire et calfeutrer la ruche d'un vernis résineux, emprunté aux bourgeons du sapin et du peuplier. Puis elle construit les cellules avec la cire qui est sécrétée, entre les anneaux de l'abdomen; ce travail s'accomplit avec la lèvre supérieure et les deux mandibules. La forme des alvéoles est hexagonale, à 6 pans. On nomme Rayon ou gâteau l'ensemble de deux rangées de cellules, juxtaposées dos à dos. En 3 jours l'essaim à construit 12.000 de ces lo-gettes destinées à recevoir les provisions et les oeufs. Le miel est le nectar des fleurs, léché par les abeilles, avec la languette et les palpes, élaboré dans le jabot, et dégorgé; c'est une provision destinée aux jeunes et une réserve pour l'hiver. Quand l'alvéole est pleine , l'insecte la ferme avec un petit couvercle de cire. L'autre provision nous intéresse moins: c'est le Pollen, ou poudre jaune des étamines, dont la petite bête est saupoudrée quand elle s'est roulée dans les fleurs. Les 2 pattes postérieures sont munies d'une brosse (Ier article du tarse) et creusées d'une corbeille dans la cuisse. L'abeille se brosse, forme des pelotes de pollen, en remplit ses corbeilles et, chargée de son lourd butin, s'empresse de l'emmaganiser dans la ruche.

Les oeufs sont pondus au bas des rayons . Pendant 5 jours les nourrices distribuent à toute la communauté la pâtée acidulée; puis 2 ou 3 jours , un mé-lange de pollen et de miel, sauf à la future reine dont le régime n'est pas modifié

Au huitième jour les cocons sont filés; 9 jour après, on aide la nouvelle reine à déployer ses ailes, tandis que les autres demeurent engourdies en chrysalides une semaine encore. S'il y a plusieurs reines nouvelles, le droit d'aînesse est respecté: on immole les autres. Et quand la place est trop petite, l'un des deux essaims s'envole; le plus souvent les anciennes font place aux jeunes. Une ruche de 4 kilos produit 4 kilos de cire et 12 kilos de miel; on en laisse 7 pour l'hiver, et l'on remplace les 5 k. enlevés par de la mélasse. Nos pères estimaient beaucoup ces deux productionc, puisqu'ils n'avaient ni le sucre raffiné, ni la bougie stéarique. Presque tout ce que nous savons des moeurs des abeilles nous a été appris par un observateur aveugle: Huber. Un

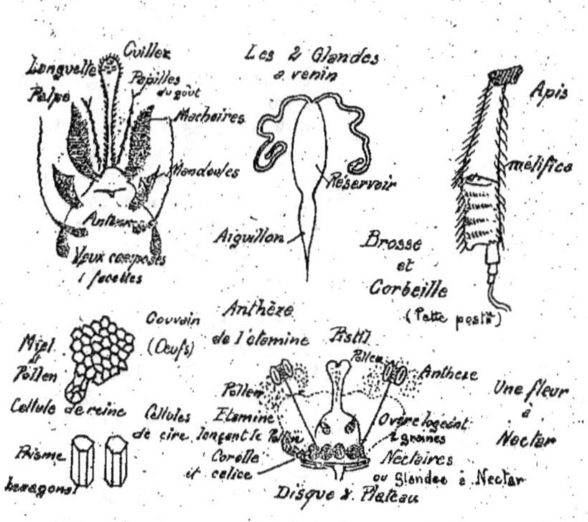

rucher modèle, avec ruches vitrées et à étages, est installé au Luxembourg, devant le Lycée Montaigne; son annexe est au Parc Montsouris, à 2 pas de la station de Sceaux-Ceinture. On y fait un Cours d'apiculture des plus intéressants.

Ver-à-soie (magnan) - On le nourrit de feuilles de mûrier dans l'atmosphère sèche et tiède, 24°, des magnaneries. C'est la chenille d'un papillon nocturne, faible blanchâtre:le Bombyx du mûrier. Il est bon que les oeufs aient subi les froids de l'hiver; on reconnaît au microscope s'ils n'ont pas des taches annonçant les maladies (M. Pasteur). La tête est cornée, sans yeux, à museau brillant; le corps perd son duvet et devient blanc, sauf chez le "moricaud" plus robuste. A la suite des 6 pattes cornées (qui se modifient sur le bombyx,) l'abdomen en porte 10 fausses, membraneuses, qui disparaîtront. Un grand mois s'écoule, 32 jours, entrecoupé de 4 Mues pénibles, que précède   un redoublement d'appétit. La partie résineuse du mûrier se transforme en soie, liquide au sein de 2 longues glandes, comparables à celles de la salive ou de la sueur. Elles aboutissent à la filière, percée dans la lèvre inférieure: ainsi le fil est double. Il est verni par 2 petites glandes voisines de la filière. Au 32e jour, après un dernier accès de fringale le ver est bien mûr, un peu jaune, le museau rougi; il "monte" dans les petites branches et il se met à filer son beau cocon en 3 jours, sans briser le fil et sans trop l'engluer. Ce fil unique, qui représente 300.000 tours, peut dépasser 1.200 mètres; il est très facile à dévider dans l'eau tiède. On étouffera préalablement la chrysalide avec la vapeur chaude. Exception sera faite pour quelques cocons, afin d'avoir des oeufs; on laisse donc pendant 2 semaines la chrysalide devenir papillon; alors le bombyx ailé perce son cocon avec ses yeux et sa salive. Il vit plusieurs jours; sans manger, car il n'a pas de bouche: il pond quelques centaines

d'oeufs et il meurt. Au total: 2 mois. On fabrique la filoselle, la " fantaisie "
avec la bourre qui entoure le cocon et avec les cocons percés. Dans quelques pays
ce sont encore les femmes qui font éclore les oeufs au sein de sachets pendus à leur cou. On nomme magnanarelles celles qui cueillent le mûrier.

Cette industrie fait la richesse de Lyon qui ne s'occupe que des soieries artistiques, où elle est sans rivale, laissant à d'autres les étoffes mélangées, à bon marché. Le bassin du Rhône produit 200 millions de francs de soie grège: ce chiffre est triplé par la teinturerie, le tissage, la broderie. On ne peut élever le ver à-soie que dans les régions assez chaudes pour la culture du mûrier. En Italie, la Trivoltine n'a que 3 mues, le ver du Frioul donne une soie rose.

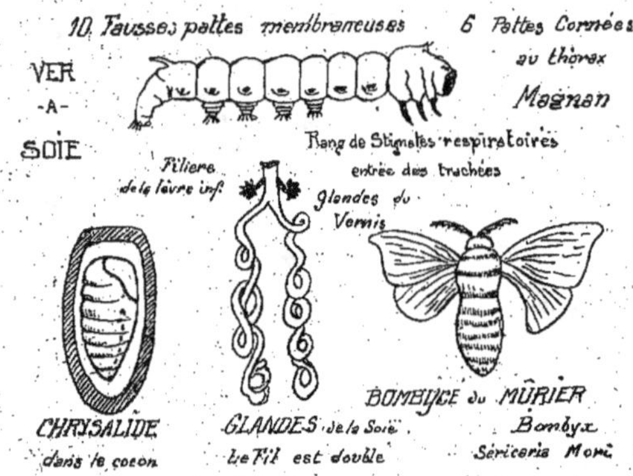

En Chine quelques cocons verts, d'autres pourpres. Le ver à-soie a peu de rivaux,
parce que les autres cocons sont trop englués, ou bien parce que le fil a été coupé mille fois par l'animal. Parmi les plus connus: l'Attacus, superbe papillon qui
vit sur l'ailante, ou vernis du Japon; et les bombyx du chêne et du ricin.

IIè Classe des articulés : Mille-Pattes

Les Myriapodes possèdent de 24 à 100 pattes. Leur thorax ne se distingue
pas de l'abdomen. Chez la Scolopendre, chaque anneau, aplati porte une paire de pattes.
La 1re paire se modifie pour renforcer la mâchoire, et elle se termine par des crochets venimeux. Les scolopendres sont d'agiles carnassiers: on évitera la morsure
des grandes espèces. Le jule, aux antennes moins longues, vit de végétaux; son corps
arrondi se roule en boule; il est lent, bien que chaque anneau porte 2 paires de pattes:
parfois jusqu'à 100.

IIIè Classe : Arachnides

On les reconnaît à leurs 8 pattes: leur type est l'araignée. Le corps est
divisé en 2 régions, parce que la tête est soudée au thorax en un Céphalothorax.
Une dizaine d'yeux simples ou ocelles. Pas d'antennes. Les 2 pièces principales de
la bouche sont une paire de griffes, et une paire de pieds-mâchoires dont la base sert
à broyer, et dont l'extrémité s'épanouit en crochets venimeux, ou en larges pinces.

1° L'araignée.

Insectivore, très vorace, utile dans les jardins. L'abdomen se termine
par 6 filières, percées d'un millier de trous de sorte que la soie est d'une finesse extrême. La toile arrête les petites victimes que l'araignée enlace, englue,

immobilise. Quand la toile est propre c'est la meilleure des charpies. On a tissé
des gants, des bas; et même un costume pour Louis XIV; mais il était impossible
d'insister, parce que les araignées se dévorent impitoyablement. Leur morsure est
venimeuse, surtout celle de la Tarentule italienne; on conseille de danser vivement
afin de suer abondamment pour éliminer le poison. C'est l'Epéïre qui secrète les "
" fils de la Vierge ". L'Argyronète, aimant l'eau, se file une cloche à plongeur.
L'énorme Mygale maçonne, tapisse sa demeure dans l'excavation d'un puits, et la ferme d'une porte qu'au besoin elle saura maintenir en s'arcboutant; une espèce américaine arrête et tue les petits oiseaux.

2° La bouche du scorpion est armée de longues pinces: mais c'est l'abdomen
très long, très agile, se recourbant pardessus la tête pour la protéger, qui se
termine par l'arme terrible, le crochet, percé de 2 trous recevant le venin de 2
glandes. La petite espèce de Provence détermine une fièvre intense: les grandes espèces foncées de l'Afrique et de l'Inde peuvent tuer en quelques minutes.

3° Les mites ou acares sont des parasites qui s'attaquent aux provisions,
au fromage, à nos animaux: Gamase des volières; Tique, au ventre gonflé, sur les
oreilles du chien. Le plus redouté est le Sarcopte qui se creuse des galeries sous
notre peau (afin de pondre) ce qui détermine la " gale "; d'ailleurs de plus en plus
rare on la combat avec les vapeurs du soufre.

IVème Classe - <u>Crustacés</u>

Animaux aquatiques, comestibles protégés par une cuirasse qui mue plusieurs fois et que peut rougir la cuisson. La tête est soudée au thorax en un énorme
Céphalothorax. L'abdomen est très court chez le crabe, il se termine en pointe chez
la Limule, ou porte-épée. 2 gros yeux souvent mobiles au bout d'un pédicule: 4 antennes et une bouche broyeuse de 12 pièces: 2 mandibules, 4 mâchoires, et 6 pieds-mâchoires. L'estomac lui aussi est broyeur, comparable à un moulin à café. Tous ces êtres
sont carnassiers.
Les crustacés respirent avec des branchies dressées en panaches à la base
des pattes. Leur circulation, très supérieure à celle des insectes, comprend un coeur
artériel, sur le dos, inverse du coeur veineux des poissons: de nombreuses artères et
veines. Les plus parfaits ont 10 pattes pour marcher et nager et, en outre, sous
l'abdomen, de fausses pattes "natatoires" auxquelles les oeufs sont suspendus. La
queue se termine par une nageoire (telson) dont le brusque mouvement fait reculer
l'animal. Presque tous les crustacés sont excellents à manger bien que leur chair
savoureuse soit un peu lourde.
1° L'écrevisse d'eau douce et 2° le homard marin ont la première paire des 10
pattes transformée en pinces redoutables. 3° La langouste en est privée; 2 de ses
antennes sont énormes. 4° Quelques crabes dits terrestres peuvent faire de longs
voyages à terre, parce qu'ils emprisonnent, comme l'anguille, une certaine quantité
d'eau autour de leurs branchies. 5° On mange volontiers la crevette et la squille.
6° Le Bernard ermite ayant l'abdomen dénudé, sans cuirasse, se loge dans une
coquille de mollusque, qu'il change en grandissant. Citons encore 7° la crevettine
des puits, l'humble cloporte: Apus, Daphnis, cyclope; l'Anatife qui se fixe aux
rochers et la Balane parasite des tortues marines.

Figures ......

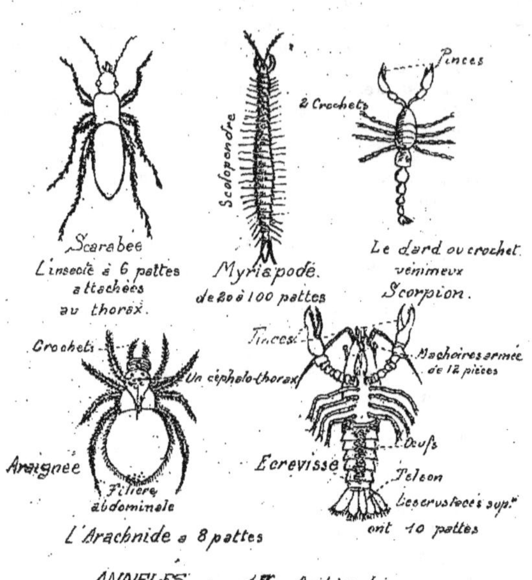

<h2 style="text-align:center">XXIXème LEÇON</h2>

2è Division des annelés : Les Vers

Les vers n'ont pas de pattes articulés, mais de simples Soies, des cils vibrants, des ventouses. Leurs anneaux se ressemblent beaucoup, et possèdent une indépendance de plus en plus accusée; coupé en 10 morceaux, le ver palpite longtemps et le tronçon qui porte la tête peut reproduire un ver complet.

1ère Classe: Annélides –

Leur sang est rouge quoique privé de globules; il circule grâce à 2 vaisseaux contractiles, l'un sur le dos, l'autre sous le ventre, et ce dernier peut loger la chaîne nerveuse des ganglions. Les uns nagent libres, errants : l'Eunice dont le dos est orné de plusieurs centaines de branchies; la Néréide qui se plaît dans la vase; moins cependant que l'Arénicole, type des sédentaires, très recherchés par les pêcheurs en guise d'amorce: et la Serpule qui s'abrite dans le tube calcaire qu'elle secrète; un panache de branchies couronne sa tête. L'agglomération des serpules ressemble au macaroni.

le Lombric, ou ver de terre, muni de 8 rangées de soies, est un peu utile en aérant le sol. La Sangsue rampe avec ses deux ventouses; l'inférieure lui permet de se fixer, et la supérieure, armée d'une triple mâchoire étoilée, aspire le sang qui gonfle onze paires de poches (coecums). Sur les indications du médecin, cet annélide est fort utile. Notre peau garde quelque temps une cicatrice étoilée, à 3 branches.

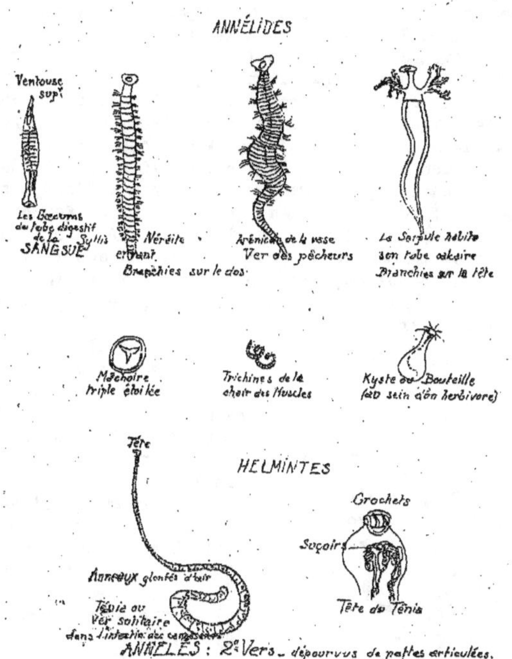

2° Classe : Helminthes

Parmis ces vers inférieurs, très peu nagent librement. Les autres sont des parasites, parfois redoutables. Le plus terrible est la Trichine qui dévore la chair: d'ailleurs presque inconnue en Europe tant l'on surveille les jambons d'Amérique qui en sont parfois infestés. Le Ver de Médine vit sous la peau des nègres. La Douve se nourrit de bile au sein du foie. Quand les enfants mangent des fruits trop verts, ils s'exposent à recevoir l'Ascaride dans leur intestin.

Plusieurs helminthes ont besoin, pour accomplir leur métamorphose, de transmigrer d'un être inférieur à un être supérieur. Tel est le Toenia, mal surnommé ver solitaire, car on peut en avoir plusieurs. L'oeuf ne peut éclore qu'au sein d'un herbivore; il y forme une sorte de "bouteille": et quand un carnassier dévore l'herbivore infesté de "bouteilles" celles-ci se développent, chacune, en un long ruban, aplati, formé d'anneaux de plus en plus longs, et gonflés d'oeufs. Heureusement que ces oeufs ne peuvent éclore au sein du carnassier. La tête porte 4 bouches sur un mamelon garni de deux rangs de crochets. Le ver solitaire nous est transmis par le porc. Maladie de plus en plus rare, parceque les inspecteurs des abattoirs font brûler toute viande qui possède quelques bouteilles. D'autre part en France, on a la bonne habitude de bien cuire la charcuterie, de la saler ou de la fumer avec soin. Quand on néglige ces précautions, on s'expose aux helminthés ((Suisse, Allemagne) - De la même manière des ténias spéciaux transmigrent de l'agneau au loup, de la souris au chat, du poisson aux oiseaux piscivores.

3ème Embranchement : Mollusques.

Leur corps très mou est protégé par un repli de la peau, le Manteau.
C'est le seul bouclier pour la limace et le poulpe. Chez les autres, le manteau
sécrète une coquille, nacrée à l'intérieur. L'accumulation de la nacre en un point
, par exemple autour d'un grain de sable qui blesse l'animal, produit la perle.
Presque tous aquatiques, les mollusques ont des branchies: chez l'huitres ce sont
des lamelles foncées. Toutefois l'escargot et la limace, terrestres, ont sur le
dos une sorte de poumon. Il en est de même des Lymnées et Planorbes qui viennent,
de temps en temps, respirer à la surface des étangs. Une circulation compliquée:
toujours un coeur artériel, à 2 ou 3 cavités, inverse du coeur veineux des poissons. 3 paires de ganglions principaux, reliés par des arcs nerveux qui forment,
autour de la bouche, 2 colliers oesophagiens. Tube digestif contourné en U; grosse glande digestive servant de foie et de pancréas. Presque tous ont des tentacules qui servent de bras, de pieds, de nageoires, d'antennes; ainsi l'escargot a
4 tentacules, dont les deux plus longs portent les yeux noirs . Beaucoup peuvent
ramper sur un disque charnu, ou pied ventral.

En général les mollusques sont comestibles: huitre, moule, clovisse, escargot. On recherche la nacre et les perles de l'huitre perlière (pinta- dine) de quelques moules du jambonneau, de l'ha- liotide. Beaucoup de co- quilles sont magnifiques. La Seiche fournit un os spécial (cages, polissa- ge) et une encre brune (sépia). D'autres produi- saient la célèbre pourpre de Phénicie. Quelques mol- lusques se fixent momen- tanément avec un écheveau de filaments soyeux (byssus) que l'on peut filer et tisser en gazes légères: jambonneau.

Parmi les caractères nuisibles: le taret perce le bois des navires, des chantiers , des digues (Hollande). Limace et li- maçon dévastent nos pota- gers. A titre exception- nel, le nageur peut redou- ter les énormes poulpes et calmars.

Les Céphalopodes (Tête-pieds) ont une grosse tête bien organisée, avec
grands yeux et bec corné, entourée de 8 ou 10 tentacules garnies de Ventouses, ce
qui les rend très puissants. L'eau entre dans un sac, baigne les deux branchies,

et sort par un tube dit "locomoteur" car plus elle est expulsée avec force, et
plus le mollusque file en sens contraire. Une poche à"encre" permet à l'animal
poursuivi de s'entourer d'un nuage. Le Poulpe ou pieuvre (Octopus) a 8 tentacules:
pas de coquille; on le mange en Provence. La Seiche a 10 bras, dont deux très longs
se renflent en massues; son encre est la " sépia ". Son dos est protégé par une
petite cuirasse interne, " l'os de seiche ".L'extrémité du Calmar loge, aussi,
une petite pointe osseuse, allongée en plume . L'Argonaute vogue dans une coquille; deux de ses tentacules se renflent en rames ou balanciers, qu'il ne faut pas considérer comme des voiles. Le Nautile vit dans une coquille splendide, spiralée en chambres de plus en plus larges, avec siphon central, 4 branchies et des tentacules sans ventouses: c'est le type d'une famille qui a joué en géologie un grand rôle. Ammonites et Bélemnites n'avaient que 2 branchies.

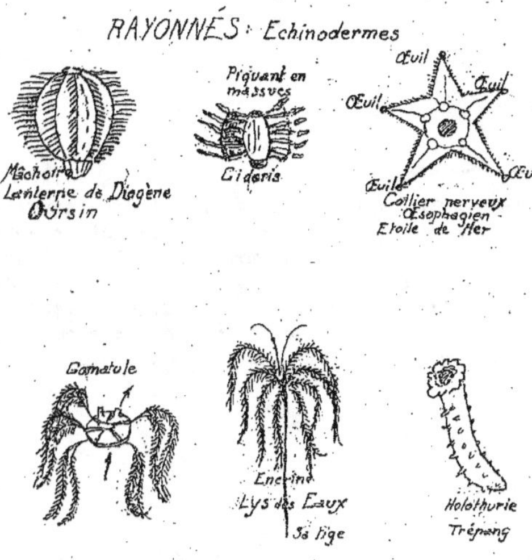

Les Gastéropodes (Ventre-pied) se traînent sur un pied ventral. Leur coquille étant d'une seule pièce, on les dit Univalvés.Une soupape, ou Opercule, les met à l'abri, par exemple s'ils hibernent. La coquille est colorée en dessus de teintes plus vives parce que c'est la région exposée au soleil. Les mollusques marins ont
une coquille plus hérissée, et ceux d'eau douce une coquille plus lisse: comparez
Rocher et Planorbe. Quelques gastéropodes ont une sorte de poumon avec boutonnière
ou stigmate d'entrée à droite: escargot et limace visqueux, lymnée et planorbe la-
custres. Les autres respirent avec des branchies; les plus connus sont: triton,
harpe, porcelaine, cône, casque, toupie, sabot, haliotide.

    Les Acéphales (Sans tête) n'ont pas de tête distincte, puisque les yeux,
d'ailleurs rudimentaires, sont placés loin de la bouche. Leur coquille est formée
de 2 valves; ils sont bivalvés. On les nomme aussi lamellibranches parce que leurs
branchies sont de simples lamelles. Les 2 valves de la coquille sont rapprochées
par un muscle ou 2; elles sont maintenues écartées par un ligament élastique. Quelques acéphales deviennent immobiles après avoir nagé dans leur jeune âge (huître);
d'autres ont un pied charnu qui rampe, terminé par un écheveau de soies (byssus)
pour se fixer momentanément: le jambonneau, la moule. La principale base de l'Os-
tréiculture, c'est de fixer les jeunes huîtres dans les parcs en leur offrant des
fagots, des briques. La Pintadine ou huître perlière, est pêchée dans le golfe
Persique, à Ceylan, en Amérique; le plongeur place un grain de sable dans le mollusque entr'ouvert avec l'espoir de retrouver ce grain entouré d'une perle.

Le Peigne de saint Jacques, emblème des pèlerins, ne sert plus qu'aux cuisiniers. Le Tridacne est un double bénitier: Venise a offert à Louis XIV les 2 valves longues de Im. que l'on admire à Saint-Sulpice. Quelques acéphales sont des fouisseurs munis d'un double siphon l'un pour l'entrée, l'autre pour le rejet de l'eau: Coeur, clovisse, manche de couteau, arrosoir. En perçant le bois les tarêts sont fort nuisibles. La Pholade, très curieuse, entame les plus durs rochers; symbole de persévérance, elle consume sa vie à percer le roc, non pas avec sa coquille, mais avec cette sorte de capuchon mou qui commence son corps phosphorescent.

XXXe LECON

Zoophytes

Cuvier nommait Zoophytes (Animaux-Plantes) les êtres inférieurs, aquatiques, que nous allons étudier. Ce sont nettement des animaux qui possèdent la sensibilité et le mouvement volontaire; et, d'autre part plusieurs ressemblent à des fleurs avec leur symétrie étoilée (anémone, corail, lys des eaux): comme les plantes, beaucoup se reproduisent en bourgeonnant: et, soudés par ce bourgeonnement; ils soutiennent leur communauté en produisant un support calcaire, qui ressemble à un arbre de pierre dont ils sont l'écorce vivante (polypier). On divise les zoophytes en rayonnés et protozoaires.

4e Embranchement

Rayonnés.

Ce nom indique que leur corps présente la symétrie étoilée, rayonnée, à 5 rayons, ou 4, ou 6, tandis que dans les animaux précédents on distingue un côté droit et un côté gauche, une symétrie paire, binaire, bilatérale. Sauf chez les premiers, le tube digestif n'a qu'une seule ouverture, bordée de tentacules. Pas de branchies; les régions molles respirent. Le sang se mêle avec l'eau; peu ou pas de ganglions, d'yeux rudimentaires, etc.

Ire Classe: Echinodermes.

Mot à mot, à peau épineuse, car la carapace, ou test, est criblée de piquants. Elle est aussi percée, régulièrement, de trous qui livrent passage à 3 sortes de petits tentacules servant de palpes et de crampons, que l'animal gonfle d'eau pour ramper sur les rochers. Symétrie quinaire à 5 divisions; ainsi un collier oesophagien formé de 5 ganglions. L'Oursin ou chataigne de mer, est armée d'une mâchoire formidable (lanterne de Diogène) comprenant 40 pièces dont 5 grosses dents, qui peuvent déchiqueter les proies les plus dures et entamer les rochers. Après avoir enlevé les 2 longs replis de l'intestin, on mange les 5 ovaires rougeâtres. Le Cidaris a de superbes piquants, renflés en massues. L'astérie ou étoile de mer: ses 5 branches logent 5 doubles coecums et se terminent par des yeux rouges. Les encrines ou lys des eaux se balancent au fond des mers sur une sorte de racine. La Pentacrine à tête de méduse est le premier âge des Comatules. De nombreuses encrines fossiles ont formé des terrains (le corallien).

L'holothurie ou concombre de mer, de grande dimension avec branchies arborisées,
est pêchée en Malaisie; les chinois recherchent ce mets desséché qu'ils nomment
" trépang ".

C'est une pêche importante, comparable à celle des sardines, puisqu'elle est évaluée à 30 millions de francs.

2e C L A S S E.

Polypes.

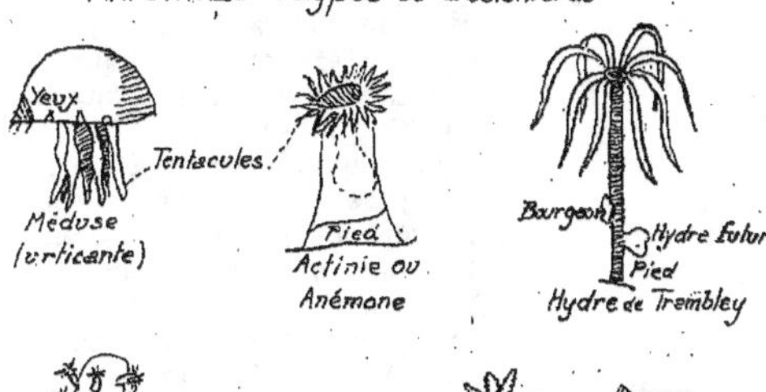

Leur nom indique l'importance des tentacules creux qui entourent le seul orifice du tube digestif. Peu ou pas d'organes autres que cette cavité intestinale (coelentérès) tantôt seule, et tantôt logée dans un sac, divisé en autant de compartiments qu'il y a de tentacules venant y aboutir. La plupart ont une génération alternante; ils ressemblent non pas à leurs parents,
mais à leurs grands'parents. Les individus libres se reproduisent par des oeufs;
il en sort des larves qui nagent, se fixent, s'immobilisent, bourgeonnent, et ces
êtres soudés se subdivisent en individus libres. La méduse ou ortie de mer est une
ombrelle gélatineuse transparente; sa bouche, placée au centre du disque, est entourée de longs tentacules. A son contact on éprouve la sensation " urticante "
de l'ortie, à la fois brûlure et engourdissement. La chevelure de Bérénice porte
un grand nombre de " fils pêcheurs " qui produisent cette piqûre douloureuse, et
empoisonnent les petites proies. Il faut remonter aux termites, pour trouver une
subdivision du travail vital aussi curieuse que celle des physalies, gracieuses
guirlandes, colonies flottantes d'êtres agrégés, munies pour voguer d'une grande
vessie natatoire ou de nombreux calices remplis d'air. Certains individus servent
de flotteurs, d'autres de nourriciers, les uns de boucliers défenseurs, les autres
de fils pêcheurs " urticants ", d'autres enfin produisent les oeufs.

L'hydre d'eau douce, décrite par Trembley il y a 150 ans, ressemble à
un fouet; elle rampe très lentement sur une sorte de pied. Elle bourgeonne et porte longtemps ses descendants. On peut la retourner sens dessus dessous, comme un
gant:et cela, à plusieurs reprises. Coupée en 10 morceaux, elle produit bientôt
10 hydres. L'actinie qui rampe de la même manière ressemble à une jolie fleur,
l'anémone, avec ses nombreuses rangées de tentacules lisses. On admire dans les a-
quariums la beauté de ses couleurs tendres.

Les Madrépores et le corail sont des polypes qui vivent agrégés par bourgeonnement; quand l'un d'eux mange ou respire, toute la communauté en profite. Cette masse gélatineuse s'écraserait, et serait vite dévorée, si elle n'était douée
de la faculté de produire un support pierreux, interne une sorte d'arbre calcaire,

le polypier, dont elle est l'écorce vivante. Le plus beau polypier est celui du corail, spécial à la Méditerranée: on le pêche sur les côtes de Tunisie et d'Italie.On râcle la surface pour enlever les aspérités, les excavations, et les canaux de communication.

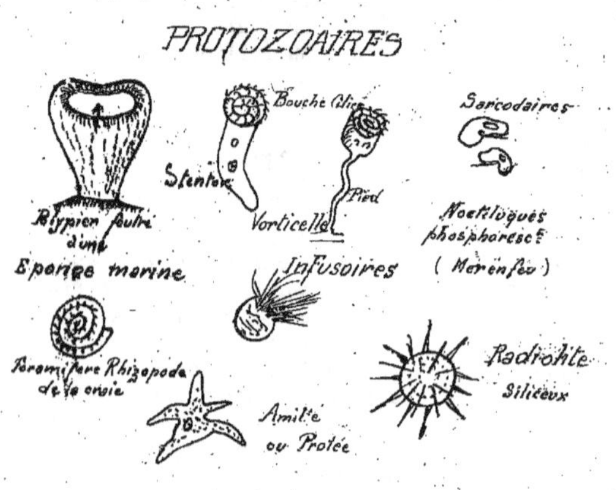

Chaque polype ressemble à une fleur blanche qui aurait 8 pétales festonnés;il possède sa petite logette; il peut s'épanouir ou rester clos. Très beau, lui aussi, le Tubipore-musique, de couleur rouge, comparé à la flûte de Pan ou à l'orgue. Les Madrépores prospèrent dans les mers chaudes; leurs polypiers y forment des rochers des bancs, des îles: Atolls. Parfois le polypier est corné, élastique: tel est celui de l'Antipathe ou " corail noir " et de la Gorgone en éventail. L'Isis est,alternativement calcaire et corné. La Pennatule ou plume de mer est une colonie phosphorescente portée sur un pied, qui s'enfonce dans le sable quand la communauté veut s'arrêter, et qui se retire quand elle désire se remettre à voguer.

5e Embranchement : Protozoaires

Les premiers créés, les plus simples animaux, tout au bas du règne animal Peu ou pas d'organes: un sac servant de tube digestif et logeant les oeufs. Une vésicule dont les contractions rappellent celles d'un coeur et font progresser l'animal. De sorte que les fonctions essentielles, sensibilité, mouvement, digestion, respiration, se confondent au sein de la gelée animale (sarcode). L'éponge est une agglomération d'êtres mous, sans tentacules, munis de cils vibrants; agrégation qui se consolide à l'aide de piquants (spicules) et d'un feutrage ou polypier corné. L'eau qui sert à la nutrition et à la respiration entre, de tous côtés, par les pores, traverse les canaux et sort par un petit nombre d'ouvertures centrales. Nous utilisons le polypier feutré, élastique, poreux, de belles espèces marines (Syrie, Archipel, Adriatique). De nombreux lavages enlèvent l'agrégation vivante, gélatineuse, et les piquants calcaires. On essaye d'acclimater les éponges de luxe en les transportant sur nos côtes de Provence et d'Algérie, avec des bateaux sous marins toujours immergés sous l'eau. Les radeaux et les pilotis sont quelquefois enduits d'éponges molles, fluviatiles, à spicules siliceux, mais sans polypier. Quelques espèces rares ont un très beau polypier siliceux.

Les infusoires vivent dans les eaux marécageuses et les infusions. L'air a disséminé leurs germes de tous côtés. Vue au microscope, une goutte d'eau saumâtre montre, pendant plusieurs semaines, une succession d'infusoires, alternativement libres et fixés, qui se dévorent mutuellement. Pour ce curieux spectacle rien ne vaut une infusion de foin? La bouche est garnie de cils vibrants; l'eau entre en tourbillons, apportant la nourriture et l'oxygène. Vorticelle en cloche, avec support; Stentor libre, en trompette; Volvoce en boule qui tournoie. L'Euglène au long fouet, assez abondante pour colorer en vert un marécage, est susceptible de devenir rouge, ce qui ferait croire que l'eau se transforme en vin ou en sang. La majorité de ces infusoires est utile, car, pour vivre, ils absorbent mille débris impurs, ce qui assainit l'eau et l'air. Mais les Anguillules du vinaigre, de la colle et du blé sont nuisibles. Quant aux vibrions des virus infectieux, microbes et autres, les travaux de M. Pasteur engagent à les placer parmi les derniers végétaux: algues et champignons.

Les Sarcodaires, formés de la gelée vivante, ou sarcode, ne possèdent pas tous un tube digestif, une vésicule contractile et des œufs: et pourtant un semblant de sensibilité, une apparence de volonté engagent à les placer parmi les animaux. Les Foraminifères doivent leur nom à leur carapace, percée de trous réguliers, qui livrent passage à de très fins tentacules. L'accumulation de ces carapaces microscopiques est telle qu'elle élève peu à peu le fond de certaines mers: Antilles, Adriatique. La drague amène de ces profondeurs une boue crayeuse, ou craie en formation, dont un gramme renferme 30.000 carapaces. On s'explique ainsi que les foraminifères fossiles aient formé la craie autrefois, des falaises de craie dépassant 200 mètres.

Bref ces infiniment petits ont joué un rôle infiniment grand. Quelques Radiolaires ont une carapace siliceuse qui a contribué à former le tripoli avec les algues nommées diatomées. C'est l'agglomération des Noctiluques, petites perles phosphorescentes, qui rend parfois la mer resplendissante comme un incendie: rarement sur nos côtes, souvent en Orient. Enfin, l'Amibe ou Protée est une masse sarcodique, informe, aux tentacules changeants, sans tube digestif, ni vésicule contractile, ni œufs. Avec lui, finit le règne animal.

Lecture .- Pêche du trépang, du corail, de l'éponge (Sonrel, pages 104, 120; Figuier, pages 174, 234).

ÉCOLE DU GÉNIE CIVIL

Pour l'Industrie, la Marine, l'Armée, les Administrations et les Grandes Écoles

152, Avenue Wagram, PARIS (17e)

Directeur : M. Julien GALOPIN, ✽, Ingénieur

BULLETIN DE RENSEIGNEMENTS

(A renvoyer à l'Ecole)

NOTA. — Le présent bulletin n'engage en rien la personne qui le remplit. Il est simplement destiné à donner à l'Ecole des renseignements précis, soit sur les cours à suivre, soit sur la situation que l'on désire obtenir.

(L'Ecole est heureuse de renseigner gratuitement et aussi complètement que possible toutes les personnes qui s'adressent à elle)

Nom et prénoms du candidat .. .. _____________________________

Adresse .... _____________________________

Lieu et date de naissance............. _____________________________

Etablissements scolaires qu'a fréquentés le candidat...................... _____________________________

Quelles classes a-t-il faites ?.......... _____________________________

Grades universitaires...... .... _____________________________

Quelles sont exactement ses connaissances mathématiques ?.. .... _____________________________

Connaissances techniques ou manuelles. _____________________________

Quels emplois le candidat a-t-il occupés ? _____________________________

Situation actuelle................... _____________________________

Quelle section, partie de section ou cours désire-t-il suivre ?................. _____________________________

Quelle situation ou quel concours a-t-il en vue ? .... _____________________________

A ________________ le ________________ 19

Signature du Candidat

Enregistré à Paris, le ________________________ *Visa du Chef de Service,*

ENSEIGNEMENT PAR CORRESPONDANCE

L'Enseignement par Correspondance

SES AVANTAGES

L'enseignement par correspondance créé en Amérique où il est fort répandu, n'a aucun rapport avec d'autres méthodes d'enseignement par correspondance, qui s'ouvrent chaque jour. Cet enseignement, qui a exigé près de quinze années d'efforts ininterrompus, se plie à toutes les situations, à toutes les exigences, évite tout dérangement à l'élève qui peut n'y consacrer que ses moments de loisirs. Il permet à tous de conquérir une situation ou d'améliorer une situation déjà acquise.

L'enseignement est individuel ; l'élève en fixe lui-même le commencement et la durée ; les leçons qu'il reçoit lui sont personnelles.

Le bagage de l'enseignement par correspondance se compose

1° D'ouvrages édités par l'Ecole, spécialement pour le **travail chez soi**

2° De séries d'exercices englobant toute la substance des cours et exigeant pour être traitées la connaissance approfondie de ces cours ;

3° D'un tableau de travail ou plan d'études fixant, pour chaque période de travail dont la durée varie de 8 à 15 jours, suivant le temps dont l'élève dispose, la partie du cours à apprendre et la série d'exercices à rédiger.

La marche de l'enseignement est très facile à comprendre. L'élève apprend d'abord la partie du cours indiquée par son plan d'études, traite ensuite les devoirs correspondants et les retourne à l'Ecole pour correction. Ces devoirs, revêtus de notes, critiques et solutions du professeur, parviennent à l'élève, qui s'en pénètre et passe ensuite utilement à la tâche suivante, fixée par le tableau de travail. Un service spécial suit les études de l'élève, le dirige et le conseille dans son travail.

LES RAISONS DE NOTRE SUCCÈS

Nous résumons succinctement les causes des brillants succès de l'Ecole. Les personnes désireuses d'être complètement renseignées sur son fonctionnement n'auront qu'à demander le **Programme officiel qui leur sera adressé gratuitement par la Direction.**

1° L'Ecole ne faisant aucun bénéfice sur son enseignement a pu établir des prix de préparation qu'**aucun établissement commercial** ne pourrait faire, à **valeur égale d'Enseignement.**

2° Etant la seule Ecole de ce genre qui **soit subventionnée** en raison de la haute valeur de son enseignement et recevant **chaque année de nouvelles subventions**, le prix de ses préparations va sans cesse en diminuant tandis que le nombre des cours augmente continuellement.

3° Son personnel, très sévèrement sélectionné, ne se compose que de professeurs, d'ingénieurs ou d'officiers ayant tous une certaine célébrité par les travaux qu'ils ont faits.

4° **Les professeurs enseignent par correspondance les cours qu'ils professent sur place. C'est la seule Ecole par Correspondance qui jouisse de cet avantage.**

5° La moyenne des élèves reçus aux concours et examens a été jusqu'ici extrêmement élevée.

6° Chacun peut s'instruire sans que personne ne le sache, **même en suivant des cours dans une autre Ecole.**

7° Tous les élèves se préparant aux carrières industrielles ou non reçus aux examens **sont rapidement placés par les soins de l'Ecole.**

8° Grâce aux nombreux ouvrages de l'Ecole (500 cours imprimés ou autographiés), réimprimés chaque année, les élèves ont non seulement les plus grandes facilités pour s'instruire, mais lorsqu'ils ont quitté l'Ecole, ils peuvent encore suivre très rapidement les progrès réalisés chaque jour dans la Mécanique ou les Sciences.

9° Les diplômes de l'Ecole sont très appréciés dans la Marine marchande et dans l'industrie, à cause des capacités reconnues de nos élèves.

C'est d'ailleurs la seule Ecole qui délivre pour toutes les *branches de l'industrie* des diplômes *à tous les Grades* **(Contremaîtres, Conducteurs, Sous-Ingénieurs, Ingénieurs).**

10° Les anciens Elèves sont groupés en Association, ce qui permet à tous les adhérents de la Société d'être prévenus immédiatement des divers avantages pouvant les intéresser. *(Demander les statuts).*

11° Une revue technique mensuelle, " *La Revue Polytechnique* " qui a justement et très rapidement acquis une place dans la littérature technique, traite de sujets originaux et fort intéressants. Elle est remise gratuitement, chaque mois, aux anciens Elèves. *(Prix d'un spécimen, 1 fr.)*

Un bulletin mensuel est de plus l'organe de la Société des Anciens Elèves qui le reçoivent **gratuitement.**

12° Les ouvrages de l'Ecole du Génie Civil sont adoptés par les Ecoles de la Marine et par de **nombreuses Ecoles Industrielles. (Ecoles d'Arts et Métiers, Instituts Electro-techniques, Ecoles de Mécaniciens, etc.).**